EL ARCOÍRIS FRACTAL
(Más Allá de Nuestro Universo)

David Piñana (Marzo.2017)

Para mi sobrina Sarah, que algún día en el futuro asumirá como algo totalmente habitual y normal un Universo Emergente, Fractal y Escalar.

"Los libros de física están llenos de fórmulas matemáticas complicadas, pero el pensamiento y las ideas son el comienzo de toda teoría física."

- Albert Einstein

DERECHOS DE AUTOR

AUTOR

David Piñana nació en 1958 en España y estudió Ingeniería Industrial en la Universidad de la ETSEI Barcelona (1983). Ha trabajado en la Industria como Gestor y Consultor durante muchos años, y en 2012 fundó su propia Consultoría Internacional para la gestión de inversiones y promoción de proyectos de energía renovable y medio ambiente en todo el mundo.

El autor ha seguido durante muchos años los últimos avances de la cosmología y la física cuántica, y en 2012 escribió su primer artículo como un texto de divulgación para explicar las escalas del Universo, y los conceptos físicos relacionados, dirigido para público en general:

"Los ´Matryoshka-versos´: La relatividad escalar del Universo" (David Piñana, octubre de 2012).

Posteriormente escribió su segundo artículo, para presentar nuevas ideas y argumentos, así como mencionar otros estudios actuales relacionados, y opiniones de otros físicos que apoyaran (aunque sea sólo en alguna de sus "partes") la propuesta y su contenido:

"Los Paisajes (Relatividad) Escalares del Universo" (David Piñana, octubre de 2015).

Tomando como base estos dos artículos, el autor preparó el presente libro, mediante la ampliación de los mismos y con la adición de varios capítulos y anexos, (incluyendo referencias de otros científicos), y las comparativas entre la propuesta del presente libro con otras propuestas relacionadas.

ÍNDICE

ANEXO 4: TEORÍA DE BRANAS   165

ANEXO 5: TEORIA RELATIVIDAD ESCALAR   175

ANEXO 6: TEORÍAS MECÁNICAS   195

EPÍLOGO   203

PRÓLOGO

Actualmente asumimos como algo normal y evidente (cotidiano) el que estemos **viviendo en una gran esfera (bola), que está flotando en el espacio y dando vueltas** alrededor del Sol, que, a su vez, también esta flotando en el mismo espacio, como el resto de estrellas y galaxias que conocemos.

También nos parece normal que **hace 100 millones de años existieran dragones inmensos** (dinosaurios terrestres, marinos y hasta voladores) ,o que, con un aparato no mayor que un paquete de tabaco, podamos estar **hablando desde cualquier sitio, "on-line", con alguien que está en otro continente**.

Pero hace sólo **600 años atrás nos tratarían de brujos o farsantes**, si, simplemente, lo comentáramos.

¿Que puede depararnos **la ciencia y la tecnología durante los próximos años.**(Dentro de 50-100-1.000 años)?

Los egipcios y los griegos ya sabían que la tierra era redonda, y que posiblemente daba vueltas alrededor del Sol. Pitágoras (VI ac), Herodoto (V ac), Aristóteles (IV ac), Arquímedes (III ac), Ptolomeo (II ac),etc, fueron unos de los primeros científicos ·de la humanidad (Post-diluviana).

Pero no fue hasta Galileo y Kepler (XVI), y Newton (XVII) cuando **las leyes de la Gravedad Universal quedaron establecidas** (diferenciando la astrología de la astronomía). Leyes que posteriormente fueron mejoradas por Einstein (XX) con las Teorías de la Relatividad Especial y General. Y que **ahora precisarían ser revisadas de nuevo.**

Por otra parte, Volta y Ampere (XVIII), y posteriormente Ohm,

Tesla, Faraday y Maxwell (XIX), desarrollaron las leyes Electromagnéticas. Mientras que Boyle (XVII), Mendeléyev (XIX), Borh y Kelvin (XX), etc, **separaron la alquimia de la química y de la termodinámica**, y , ya en el siglo XX, Einstein, Planck, Shrodinger, Heilselberg, etc, desentrañaban **los misterios de la Física Cuántica**.

Actualmente los físicos están obsesionados (al igual que también lo estuvo Einstein) en obtener una **Teoría Universal que lo englobe todo** (TOE,*"Theory of Everything"*: Teoría del Todo). Pero, **¿es esto posible?**, ¿Puede haber una teoría unificada que parametrice todas las leyes del Universo?. ¿Significaría esto que ya lo sabríamos todo, y que podríamos explicar todos los fenómenos del Universo?.

Parece como si la búsqueda del TOE se haya convertido en **la piedra filosofal del siglo XXI**. En su búsqueda se están dedicando buena parte de los esfuerzos y financiación de la física teórica y de la cosmológica. **La Teoría de Cuerdas (Super-cuerdas) o Teoría M,** ha sido el mayor foco de atención por la comunidad académica. Pero, tras más de 25 años de estudios, no se ha conseguido llegar a ningún resultado definitivo. **Algo falla, y falta encontrar el qué.**

Una propuesta es que **la solución pueda pasar por comprender mejor la esencia del espacio-tiempo**. Yo estoy seguro de que es así, pero también creo que no es lo único que falla, y que **considerar el concepto de Escala Dimensional (Espacial) como una variable** a considerar en las teorías (*"Scale Relativity"*) sería también otro concepto importante a considerar.

Por otra parte, en el presente libro mostraremos lo lejos que estamos de conocerlo todo y de poder disponer de un TOE. Lo más posible es que este objetivo sea inviable, y que, como mucho, **debamos limitarnos a comprender solo el Universo más cercano a nosotros** (desde un punto de vista escalar), aunque éste espectro escalar pueda ir ampliándose a medida que avancemos tecnológica y científicamente.

Estoy convencido de que **algún día, muy posiblemente, podamos viajar más rápido que la actual velocidad de la luz (300.000 km/s)**, contactaremos con **seres de otros sistemas estelares**, podremos **viajar a otros universos paralelos (3D espaciales)**, y, hasta es probable que nos **comuniquemos con seres de otras escalas dimensionales**. Posiblemente nos podamos **tele-transportar**, lleguemos a comunicarnos por **telepatía**, y hasta lleguemos a entender los **fenómenos de las apariciones** (OVNIS, fantasmas, espíritus, "ouija",…), o lleguemos a saber quien construyó las **pirámides de Giza**, quienes fueron los primeros habitantes de la **ciudad de Tiwanaku** del lago Titicaca (Bolivia), y qué hay **debajo del Templo de Salomón** en Jerusalén.

Pero también estoy seguro de que **nunca podremos viajar a otras escalas espaciales**, ya sean a mayores o menores tamaños escalares (**no podremos "nunca" hacer viajes "matrioskanos"**). Y , mucho me temo, que **tampoco podremos viajar al pasado**. Al menos de una forma en que podamos interactuar con él (lo que normalmente entendemos por viajar físicamente a un lugar), aunque sí que podamos "visualizar" lo que allí suceda. Y no ya por un problema de tecnología, ni de conocimientos científicos, sino simplemente porque no es posible desde un punto de vista lógico y conceptual. En otras palabras, **son un absurdo**.

En Abr.2012 estaba con **un buen amigo** agro-ecológico que está muy orgulloso de su relación directa con la naturaleza. Aquel día quedamos, como otras veces, para comer en su casa de campo. Me sorprendió cuando **me pregunto que eran las "cuerdas"**. Había leído algo de ello en una revista y quería que le explicase lo que eran. **Este fue el inicio del presente libro.**

Inicialmente sólo quería plasmar en un artículo **una explicación de las diferentes escalas del Universo**, los diferentes conceptos y leyes que predominan en cada una de ellas, y proponer que, posiblemente, estas escalas se puedan ampliar en un futuro, cuando mejore la tecnología y nuestros conocimientos científicos.

Pero al ir profundizando, me sentía cada vez más intrigado al ver como **conceptos tan triviales como materia, energía, espacio y tiempo, iban tomando un aspecto muy diferente al que intuitivamente tenemos de ellos.**

Como veremos en el libro, lo que podríamos considerar **materia está concentrada** en ciertas partículas (bosones) que tienen **un volumen de 10 e +24 veces más pequeño que un átomo.** Por lo que la materia está formada mayormente de espacio vacío. Los estados sólidos, líquidos y gaseosos son debidos a las cargas electromagnéticas de sus átomos.

Así mismo, el (espacio) **vacío**, a su vez, podría ser como **otro tipo de sustancia o estado** de la materia-energía. Posiblemente podamos considerar a la **materia, la energía y el vacío como diferentes tipos de fases propias de nuestra escala de referencia.**

Podemos considerar **el tiempo**, simplemente como una forma de visualizar (medir) el movimiento, o el cambio de sucesos en movimiento (entropía). Si en el Universo nada se moviera (cambiara), no haría falta el tiempo. **En un Universo estático, no habría tiempo.**

Energía, materia, espacio (vacío) y tiempo, no son más que conceptos emergentes propios de nuestra escala de referencia. Para cada escala (Paisaje escalar) habrán otros conceptos , y leyes que los rijan.

Asimilar y aceptar el mensaje de estos últimos párrafos supone un **cambio total de visión de Nuestro Universo**, y ofrece una nueva perspectiva para su comprensión y modelización. **Abriendo nuevas expectativas y vías de estudio.**

Es lógico que la ciencia sea reacia a los cambios, y a propuestas nuevas, no debidamente demostradas y/o experimentadas. Así hemos ido avanzando durante la historia. Pero **tampoco es bueno ser demasiado contrario y rígidos a los cambios**. Es absurdo tenerse que inventar conceptos "extraños" (como la Materia y Energía Oscuras), para no tener que aceptar que, posiblemente, las leyes actuales (Newton y Einstein) no sean válidas para ciertas condiciones (dimensiones escalares muy grandes). Al menos se les debería dar la misma prioridad, cosa que no sucede en la actualidad, donde la Materia y Energía Oscuras son las alternativas por excelencia, dejando a otras opciones prácticamente olvidadas.

Hemos de aceptar que estamos muy al inicio de comprender todo el Universo, y **hemos de estar preparados para grandes descubrimientos futuros**, con casi total seguridad inesperados ahora para nosotros.

Confío que el presente libro pueda aportar un granito de arena en este ambicioso proyecto, y que el **lector disfrute durante su lectura** tanto como yo he disfrutado en su elaboración.

1. INTRODUCCIÓN

La actual "corriente principal" en la física cosmológica propone un Universo único, que comenzó con el Big-bang (hace aprox. 13.700 millones de años), y que continúa en expansión "isotrópica". Esta "corriente principal" del universo propone también unos límites/fronteras por ambos espectros escalares: En su escala superior (aprox. 10 e+27 m) la "frontera externa" de Nuestro Universo (o, al menos, de nuestro Universo Observable), y en su escala inferior (aprox. 10 e-35 m.) por la dimensión de Planck. Y nosotros (los seres humanos) estamos en un nivel/espectro escalar intermedio entre estos dos límites escalares.

En este libro se pretende mostrar una nueva concepción del Universo: La Relatividad Escalar. Se propone que el universo está compuesto de muchos más espectros escalares (superiores e inferiores) a los límites actualmente reconocidos (posiblemente más de 10 e +1.000 m y por debajo de 10 e -1.000 m). Y que para todos los niveles/espectros habrían diferentes conceptos físicos y leyes (Emergentes), aunque éstos podrían estar vinculados por unas leyes y conceptos subyacentes comunes. Y nosotros (los humanos) no estaríamos en el medio, sino que estaremos justo en un nivel aleatorio dentro de este amplio espectro escalar.

Este diferente enfoque o propuesta (de ser cierta, y poderse probar experimentalmente y matemáticamente) podría ser un avance muy importante para explicar ciertos conceptos físicos que actualmente no están del todo claros (la energía y materia oscura, el principio de incertidumbre, etc.).

Los seres humanos, como siempre, cometemos el error de creer que somos (estamos en) el centro del universo. Y nosotros siempre tratamos de entender el universo desde el punto de vista Ptoloméico. Pero, una vez tras otra, hemos tenido que admitir que esto no es así (Copérnico,...).

Ahora estamos cometiendo el mismo error, y **creemos que estamos en medio del espectro de escalas espaciales del universo**. Y tratamos de entender el universo a partir de lo que sabemos acerca de nuestra propia escala (de nuestro espectro escalar). Tratando de extrapolar nuestros propios conceptos (de nuestra escala) a la de los **otros espectros escalares** (otras escalas espaciales). Donde, probablemente, **se deberían aplicar otros conceptos y otras leyes** desconocidas para nosotros (conceptos y leyes emergentes).

Seguramente, si somos capaces de romper estos esquemas preestablecidos, se abrirán nuevos horizontes, lo que **nos permitirá entender conceptos físicos que actualmente no somos capaces de entender bien.**

El universo podría estar compuesto de muchos más espectros escalares (superiores e inferiores) a los límites actualmente reconocidos. Y nosotros, **los humanos, podríamos estar en un nivel aleatorio dentro de este amplio espectro de la escala dimensional.**

Como dice Lee Smolin, **ante cualquier nueva teoría física importante** (como las de Newton y Einstein), una vez que se han aceptado (demostrado y experimentado), **se habrían de despejar otras grandes incertidumbres hasta la fecha.** Como con las fichas de dominó (donde después de caer una primera ficha, luego caen todas las demás una tras otra). Así sucedió con muchos conceptos al considerar las teorías de Newton y Einstein. Y **puede suceder** lo mismo, **si podemos demostrar y aceptar** la propuesta de la **Relatividad Escalar del Universo del presente libro.**

En este libro no se propone una clara demostración matemática/teórica o verificación experimental de la propuesta. **Este libro** sólo trata de proponer un marco, y mostrar varios estudios y teorías colaterales afines que encajan dentro de este marco, por lo que **podría clasificarse mejor como Filosofía Científica (Cosmológica) que como Física (Cosmológica)**. El obtener una demostración matemática/teórica final, o las verificaciones experimentales correspondientes, serían el siguiente objetivo para el futuro. Y no serán nada fáciles de obtener. Será necesario de mucho trabajo en equipo (multi-disciplinar), y también de alta inversión en equipos (CERN, LIGO,...) tecnológicos, para conseguirlo.

PARTE I

Esta parte del libro contiene principalmente el primer artículo revisado: ***"Los Matryoshka-versos: La relatividad escalar del Universo" (David Piñana, Octubre de 2012).***

El objetivo principal de este artículo era mostrar al público en general **un punto de vista del universo diferente: desde sus diferentes escalas espaciales.**

Se muestra el **Universo como un Arcoíris 3D** (espacial), donde en todos los espectros (paisajes) podríamos tener diferentes conceptos (átomos, estrellas,...) y leyes (Newton, Cuánticas, ...).

Y también que estos espectros (paisajes) podrían ser infinitos, y que **los límites (fronteras) actuales de Nuestro Universo, podrían ampliarse en el futuro**.

Y, sobre todo, que nosotros **(los humanos) no estamos justo en medio de ellos**. Estamos en un espectro (paisaje) aleatorio.

16

2. EL ARCOÍRIS FRACTAL

VIAJES MATRIOSKANOS

Todos tenemos presente la película **"Un viaje alucinante"** (basada en la novela de Isaac Asimov de 1966) en el que se reduce el tamaño de un submarino (Proteus) y de sus tripulantes (pura literatura de ciencia ficción) para ser introducidos en el sistema circulatorio sanguíneo de una persona y así poder subsanar la dolencia que ésta padece (coágulo en el cerebro).

ARGUMENTO:

*El libro **"Un viaje alucinante**" (Richard Fleischer-1966) empieza con el accidente de uno de los miembros más importantes del campo de la medicina. Debido a esta causa, se forma un coágulo en su cerebro que debe ser eliminado para que sobreviva, pero esta operación no se puede llevar a cabo desde el exterior.*
Para realizarla deciden introducir un submarino en miniatura dentro del cuerpo, el submarino solo puede aguantar 60 minutos antes de volver a su estado normal. Para llevar a cabo esta misión deciden elegir a sus mejores expertos, éstos serán los que irán dentro del submarino, también habrá otros fuera para poder controlar el recorrido y hacer algunas intervenciones cuando sean necesarias.

Es evidente que la película, que tiene en parte una base científica, propia de Isaac Asimov (aunque sea una novela fantástica), también tiene algunos errores científicos conceptuales importantes tanto desde el punto de vista de la **medicina/biología**, como de la física **mecánica:** Circulación del submarino por la sangre (diferencia de densidad sangre y agua, visibilidad,...).

Pero posiblemente la paradoja más evidente, y posiblemente la que menos capta el lector/espectador es que, por el solo hecho de que al reducirse el cuerpo de una persona, se supone que se reducen también el de todas las partes que la componen de igual forma (células, molécula, átomos, protones,...). ¿Como pueden coexistir en un mismo sistema elementos equivalentes (Ejem.: molécula del agua) que tienen dimensiones muy diferentes (de hasta 10 e 5: 100.000 veces)?. ¿Como se adaptaría el intruso minúsculo dentro del universo al que se ha implantado?. ¿Que leyes físicas/químicas/biológicas serían aplicables (las micro, las macro o una combinación de ambas), y como interactuarían entre ellas?.

> Es evidente que esto no es "conceptualmente" posible, por lo que **estos viajes entre diferentes tamaños (Matrioshkanos) son absurdos.**

En física e ingeniería también existe la **Teoría de los Modelos a Escala** que permite simular, en prototipos a escalas reducidas, el comportamiento de ciertas variables a partir de unos parámetros de partida para, posteriormente, extrapolarlos a las dimensiones reales. Estableciéndose las correspondientes **Semejanzas modelo-prototipo (Geométrica, Cinemática y Dinámica)** entre los modelos reales y a escala (cuyas relaciones son siempre diferentes de uno).

Aún con sus errores y paradojas, este libro/película nos presenta una idea de lo que podrían ser los viajes entre diferentes escalas (potencias de 10) de las dimensiones espaciales (X-Y-Z). Esto es lo que podríamos llamar **"Viajes Matrioskanos"** en referencia a las famosas "Muñecas Rusas" llamadas Matrioska (Matryoshka).

Así mismo, también nos evidencia la dificultad y extrañeza de estos viajes hacia escalas menores (**Potencias negativas**: células, moléculas,...), donde no podemos viajar de otra forma que no sea haciéndonos tan pequeños como la dimensión de la escala a donde queramos viajar. En el caso de esta película la reducción es de 100.000 veces, pero si queremos trasladarnos a la escala de los electrones, tendríamos que reducir nuestro tamaño 1.000.000.000.000.000.000 veces (10 e-18).

En cambio, los viajes hacia escalas mayores (**Potencias positivas**: galaxia, universo,...) siempre los visionamos sin tener que cambiar de escala o dimensión. Se supone que se utiliza una nave (inter-estelar o inter-galáctica) y que nos movemos a velocidades extraordinarias (máximo la velocidad de la luz). Pero nunca nos imaginamos viajando haciéndonos más grandes (aumentando nuestro tamaño) al igual que lo hacemos en el caso de viajar hacia lo pequeño.

Si hacemos este esfuerzo y realizamos este cambio de mentalidad (aunque el concepto en sí mismo no sea, en principio, científicamente viable, al igual que no lo es el de hacernos pequeños), podemos visualizar lo que podría ser un nuevo concepto de Universo Global: un **Arcoíris en nD** o unas **Muñecas "Matrioska".** La terminología nD se refiere a la dimension del espacio (brana) que consideremos (lo explicaremos más adelante), que para Nuestro Universo es n=3 (3D).

Así mismo, cuando concebimos o buscamos **seres de otras estrellas, galaxias o universos** (proyecto SETI,…), nos los imaginamos de una escala humana. O, lo que es lo mismo, provenientes de la misma escala espacial que nosotros (los humanos). Pero nunca nos los imaginamos que provengan de otra escala espacial diferente (mayor o menor) a la nuestra. Que, en el caso de que ésta fuera muy diferente, nos impediría visualizarlos o percibirlos.

LAS ESCALAS DEL UNIVERSO

Es muy normal visualizar las distintas **Escalas del Universo** en potencias de 10 y tomando como medida base el metro (ver tabla adjunta):

- **Potencias Negativas**: Para las escalas más pequeñas (hasta 10 e -35 metros para la dimensión de Planck).
- **Potencias Positivas**: Para las escalas más grandes (hasta 10 e +30 metros para los "multiversos").

Ver link: *http://www.microsiervos.com/archivo/ciencia/escala-universo-interactiva.html*

Podríamos imaginar un Universo Global compuesto o dividido en diferentes zonas (espectros) que formarían las diferentes **Escalas Espaciales del Universo**.

Partiendo de una dimensión de un METRO (siendo esta la potencia 10 e 0), a medida que vayamos aumentando positivamente el exponente de 10 (1,2,….,n), iremos mostrando medidas mayores (10 e 3 es 1 km, 10 e 9 es un millón de km y 10 e 16 es un Año-luz, la distancia que recorre la luz en un año).

Algunas dimensiones de referencia (en metros Exp. de 10):

Concepto	Exp	Descubrimiento
Hombre	0	
Tierra	7	II AC (Eratóstenes midió diámetro)
Sol	9	
Sistema Solar	13	XVI (Galileo y Kepler)
Galaxia	21	XVIII (Herschel)
Universo (Lo más lejano detectado)	27	XX (Big-Bang de George Gamow)
Multiverso	35 (¿)	Siglo XXI ¿ (por demostrar y percibir)

Si, en cambio, hacemos el exponencial de 10 negativo, iremos definiendo medidas menores (10 e -3 es un milímetro, 10 exp -9 es un Nanométro y 10 e -35 es la Unidad de Planck).

Algunas dimensiones de referencia (en metros Exp. de 10):

Concepto	Exp	Descubrimiento
Hombre	0	
Célula /Glóbulo rojo	-6/7	XVII (Robert Hooke)
ADN	-9	1953 (Francis Compton-James Dewey)
Molécula Agua	-10	XIX (Amadeo Avogadro)
Protón (Lo más pequeño detectado)	-15	1919 (Ernest Rutherford)
Electrón/ Quark	-18	1897 (JJ Thomson) y1950 (M.Gell-Mann)
Neutrino	-24	1930 (Wolfgang Pauli)
Cuerda	-35	Siglo XXI ¿ (por demostrar y percibir)

El conocimiento de la composición y las leyes que rigen en los diferentes niveles de las escalas (tanto positivas como negativas) se han ido descubriendo a través de los tiempos (Edades de la Historia) según los avances científicos y tecnológicos iban avanzando. Los avances en grandes dimensiones (**Física Clásica y Relativista**) se han producido antes por su facilidad de ser observados (durante los últimos cinco siglos), mientras que los de pequeñas dimensiones (**Física Biológica, Química y Cuántica**) se han producido en su mayoría durante el Último siglo XX.

En cada una de estas zonas se supone que actúan o rigen (en mayor o menor grado) unas leyes físicas, que harían que el conjunto de elementos y estructuras que lo formen cohabiten con una cierta armonía y lógica, al igual que lo hace en nuestra propia zona o franja del Universo (**Nuestro Universo**).

Podríamos decir que **Nuestro Universo** abarca las escalas desde 10 e-35 (**Longitud o Escala de Planck**, la menor dimensión que permiten los modelos de física actuales debido a la aparición de efectos de gravedad cuántica), a 10 e+27 metros (que es la mayor longitud que se considera tiene **Nuestro Universo**).

La observación visual (o fotográfica) de estos elementos (tanto a escalas positivas como negativas) precisa de sistemas de aumento óptico u otros sistemas de detección de ondas (EM,…):

- **Telescopios** (ópticos, rayos X, infrarrojos,…) para la observación de los cuerpos de grandes dimensiones a largas distancias (captan ondas electromagnéticas). Los objetos más lejanos que se han podido detectar son de 13.000 millones de años luz (10 e+25 metros).
- **Microscopios** (ópticos, electrónicos, nucleares,…) para la observación de los cuerpos de pequeñas dimensiones a distancias muy cortas. Los objetos más pequeños que se han podido detectar son de 10 e-15 metros.

En ambos casos, aparte de la propia capacidad de aumento (producido por las lentes), uno de los factores que dificultan su visión es la falta de LUZ (u otras ondas) a medida que aumentamos la escala de visión.

Tanto en un caso como otro, se precisan de lentes de gran aumento, y una mayor sofisticación de la tecnología o una larga exposición para capturar la luz (onda electromagnética) precisa para ser vista o grabada. Y hasta en algunos casos es preciso utilizar otros sistemas de detección de ondas (Telescopio: rayos X, infrarrojos,... y en Microscopio: electrones,...) para detectar mejor estos cuerpos.

Es como si al alejarnos dentro de este **Arcoíris 3D** (tanto en positivo como en negativo), desde nuestra franja de referencia, nos quedáramos sin los estímulos (ondas) que precisa el ser humano para observar o grabar una forma o cuerpo. Pasa lo mismo que si nos alejamos en una dimensión espacial (X-Y-Z) que cada vez se ve más pequeño y borroso un cuerpo o forma.

Desde nuestro punto de observación, nosotros estamos en el centro de nuestro espectro o banda del **Universo Global** (**Nuestro Universo**), en el que a medida que las dimensiones o escalas de los cuerpos y entidades se alejan más de nosotros, más difícil se nos hace observarlas y detectarlas. Y cuyos límites se han ido ampliando a través de los tiempos, a medida en que la ciencia y la tecnología han ido avanzando.

En una entrevista realizada por **Eduardo Punset (TV2, España)** al reputado físico astrónomo y divulgador **Stuart Clark (2012),** este último comento: "...*Nuestra especie se halla a medio camino entre las estructuras mas grandes y las mas pequeñas del Universo y somos muy afortunados porque ello nos sirve como plataforma para observar al universo en todas sus dimensiones...*". **Según la teoría propuesta en el presente libro esta afirmación debería ser:** "...*Nuestra especie se halla a medio camino entre las estructuras mas grandes y las mas pequeñas del Universo Conocido porque, desde el espectro escalar de referencia en que nos encontramos, es lo que nuestra tecnología y conocimientos nos permite observar y conocer. Pero es muy posible que, en un futuro esta franja escalar se ensanchará en ambas direcciones y nos permitirá observar y conocer al universo en más amplias dimensiones...*"

REFERENCIAS DE ESCALA DE NUESTRO UNIVERSO

Dimensión de	Exp de 10 (metros)	
Otros Universos	35	
Universo	27	*(Lo más lejano detectado)*
Galaxia	21	
Año Luz	16	
Sistema Solar	13	10.000.000.000.000 metros
Sol	9	
Tierra	7	10.000.000 metros
Onda de Radio	0	1 metro
Microonda	-2	
Onda Infrarroja	-5	
Onda Luz Violeta-Roja	-6/7	Globulo rojo
Onda Ultravioleta	-8	
Virus /ADN	-9	
Molecula Agua (H2O)	-10	0.0000000001 metros
Atomo Hidrógeno (H)	-11	
Onda Rayos X/Gamma	-12	
Atomo medio	-13	
Nucleo del átomo	-14	
Protón/Neutrón	-15	
		(Lo más pequeño detectado)
Quark/Eletrón	-18	
Neutrino	-24	
Cuerdas (Unidad Plank)	-35	

Fig.1: Referencias de escala de Nuestro Universo

OTROS UNIVERSOS EN OTRAS ESCALAS

Durante muchos siglos la humanidad ha supuesto que el Universo era la Tierra (plana o no) y una bóveda celeste (con estrellas y planetas) que daba vueltas alrededor, donde la propia Tierra era el centro del Universo sobre la cual giraba el resto de cuerpos.

Algo parecido nos sucede ahora, donde suponemos que la zona (franja, nivel, espectro, escala,...) donde nosotros estamos dentro del **Universo Global** está en el centro. Pero podrían existir otros Universos en otras franjas o zonas dentro de este **Arcoíris 3D,** que podrían tener sus propias leyes físicas, así como otros tipos de formas o cuerpos, y hasta, porqué no, otros seres vivos. Y nuestra franja escalar no necesariamente tiene porqué estar en el centro.

Si nos imaginamos (como una alegoría) que un Electrón es el equivalente a la Tierra dando vueltas alrededor del Núcleo de un átomo, como la Tierra las da alrededor del Sol, ¿Como veríamos nuestro Universo **si viviéremos en este electrón**? ¿Nos imaginaríamos que formamos parte de otro cuerpo o ser? Por mucho que viajáramos con una nave espacial de estas dimensiones (10 e -20), sería muy difícil que pudiéramos observar el cuerpo del que formamos parte. Sería difícil tener una perspectiva adecuada. O de recibir las ondas (o información precisa) para visualizar o capturar la información requerida.

Posiblemente a esta escala   (**potencias negativas**) existen otro tipo de ondas muy pequeñas (tanto en frecuencia como en alcance), indetectables para nosotros ahora. Estas ondas son las que seríamos capaces de detectar si estuviéramos viviendo en un electrón, y, evidentemente, las ondas que nosotros entendemos por LUZ (electromagnéticas del espectro óptico) serían indetectables para nosotros y para los instrumentos que dispondríamos en estas dimensiones (10 e -20m).

En esta escala de potencias negativas prevalecen los **campos (fuerzas) nucleares (débil y fuerte),** con el **electromagnético,** mientras que el **campo gravitatorio** tiene una menor influencia. Y su funcionamiento se puede explicar actualmente mediante los modelos de la   **Física Cuántica** y los modelos matemáticos de **Neumann.**

En estas escalas pequeñas, es un Universo en el que coexisten entidades tales como los fotones, bosones, gravitón, neutrino, positrón,
etc. Y en el que existe una **dualidad entre ondas y partículas,** en
el que la materia, tal como la conocemos o percibimos, pierde su
sentido. Y donde el **Principio de Incertidumbre** (de Heisenberg)
es su esencia más representativa (al menos observado desde nuestra escala).

La nueva teoría CDT (Causal Dynamical Triangulation) propone que el espacio-tiempo puede ser de **dos dimensiones (1 espacial y el Tiempo)**
cerca de la escala de Planck, y revela una estructura fractal en porciones
de tiempo constante. "Donde la dinámica escoge una dimensión especial
preferente de entre las tres posibles. Esta dimensión preferente estaría
determinada clásicamente y entonces sería alternada al azar por los procesos físicos que estén operando a esas escalas" (Carlip, 2012).

Para la civilización que, hipotéticamente, pudiera existir en estas escalas negativas, **la escala temporal también podría ser muy diferente** a la de nuestra escala de referencia o la de nuestra escala
humana. Posiblemente **el nacimiento y final de una raza o civilización** en una escala 10 e-20 metros duraría un tiempo proporcional equivalente al de nuestra escala (Por ejemplo, la raza humana:
10 e-20 x 100.000 años = 10 e-15 años = 10 e-8 segundos = 10
nanosegundos).

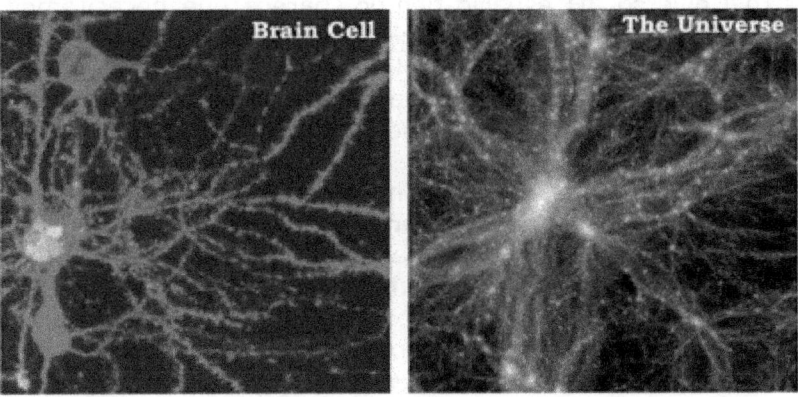

Fig.2: Imagenes: Célula Cerebro y Galaxias Universo

Así mismo, podemos extrapolar esta experiencia hacia las escalas de grandes dimensiones (**potencias positivas**). Imaginemos (como una alegoría) que una galaxia es una especie de célula (neurona) de un Ser Superior, y que la interacción entre esta especie de neurona (galaxia) con otras galaxias (neuronas) configuran un pensamiento (conjunto de bits) de este Ser Superior.

En esta escala de potencias positivas prevalecen los **campos (fuerzas) gravitatorio** y el **electromagnético**, mientras que los **campos (fuerzas) débil y fuerte** tienen una menor influencia, o prácticamente nula. Y su funcionamiento se puede explicar actualmente mediante los modelos físicos de la **Teoría de la Relatividad** (Relatividad Especial y General de Albert Einstein) y los modelos matemáticos de **Riemann**.

En estas escalas grandes, es un Universo en que coexisten entidades como los agujeros negros, galaxias, nebulosas, etc. Y en el que existe una **dualidad entre materia y energía, y entre espacio y tiempo.** Y, en el que la **velocidad de la luz**, como una constante y un valor límite de Nuestro Universo, toma todo su protagonismo. Y donde las **Teorías del Big-Bang** y de la **Expansión Isotrópica** de Nuestro Universo, así como la **Materia y Energía Oscuras** son su esencia más representativa (al menos observado desde nuestra escala).

A medida que avanzamos a escalas cada vez mayores, y salimos de Nuestro Universo 4D espacio-tiempo, parece que necesitemos una **quinta dimensión del espacio-tiempo para poder visualizar Nuestro Universo**. Fuera de los límites de Nuestro Universo (conocido) de 4 dimensiones (tres espaciales + el tiempo), parece como si pudieran haber cinco dimensiones (cuatro espaciales + el tiempo).

Para la civilización que, hipotéticamente, pudiera existir en estas escalas positivas, **la escala temporal también podría ser muy diferente** a la de nuestra escala de referencia o la de nuestra escala humana. Posiblemente la **transmisión de un estímulo entre una neurona (galaxia) a otra neurona (galaxia)** en una escala de 10 e+20 metros duraría un tiempo proporcional equivalente al de nuestra escala *(10 e+20 x 1 microsegundo = 10 e+14 segundos = 10 e +7 años = 10 millones de años)*.

Para un observador que estuviera en cualquiera de estas dos escalas (electrón o macro-neurona), **Su Universo** sería o parecería otro, y abarcaría otros espectros o bandas del **Universo Global**. En estos otros espectros del **Arcoíris 3D**, como hemos visto, predominan otras modelos y patrones, así como, predominan otras ondas y estímulos, otros campos y fuerzas, otras entidades y cuerpos.

Si hacemos referencia a la alegoría del **Arcoíris 3D**, podríamos decir que el universo del electrón estaría en el "espectro azul", mientras el de la neurona estaría en el "espectro amarillo", y que **Nuestro Universo** estaría en medio, en el "espectro verde" .

Esta última, sería nuestra franja, la que puede explicarse fácilmente mediante los modelos matemáticos y físicos de Euclides, Newton y Maxwell. En la que todo parece normal y toma su sentido lógico. Donde nuestro cerebro y nuestros sentidos se encuentran cómodos, porqué han evolucionado para subsistir en ella: **"La Franja o Espectro Verde".**

NUESTRO UNIVERSO ES UN MODELO VIRTUAL

Al igual que les pasaba a nuestros ancestros, somos esclavos de la información que recibimos por los sentidos (vista, oído, olfato, gusto y tacto) y procesamos esta información según los conocimientos que disponemos.

El Universo, tal como lo conocemos o percibimos, es un modelo (ilusión) virtual que configura nuestro cerebro a partir de los estímulos que recibimos de él a través de nuestros sentidos (vista, oído, olfato, gusto y tacto). Dichos sentidos se han ido desarrollando y evolucionando, vía la Selección Natural, para nuestra supervivencia, y según los estímulos que existen en Nuestro Universo (ondas electromagnéticas, ondas de presión,...), así como en otros animales se han desarrollado otros sentidos según otro tipo de estímulos (ondas ultrasonido,...).

Podríamos imaginarnos a seres (algunos ya existen) que tuvieran órganos (sentidos) sensibles a otro tipo de estímulos tales como los Rayos X, Rayos Infrarrojos o Ultravioleta, Ondas de Radio, etc.

Pero parece evidente que los estímulos pueden ser diferentes en cada franja o zona del **Universo Global**. No habrán los mismos estímulos (ondas,...) a escalas cuánticas (<10 e -10) que a escalas grandes (> 10 e +10). Y aún serán más diferentes a escalas mucho más lejanas de **Nuestro Universo** (escalas menores de 10 e -50 y mayores de 10 ex+50), aunque estas escalas se nos hagan difíciles de asimilar, y hasta, según los modelos científicos y físicos actuales, no sean viables.

Si tenemos en cuenta que un átomo mide en promedio 1 Ångström (1 Å= 10 e -10 metros) y un núcleo mide 10 e -14 metros, implica que el núcleo de un átomo (que es donde está la masa) tiene un diámetro 10.000 veces más pequeño que el átomo en sí. Si el átomo tuviera un diámetro de 100 metros (un campo de futbol) el núcleo mediría 1 centímetro (un botón). Visto de otra forma, en un átomo caben 1.000.000.000.000 (10 e 12) núcleos. Por lo que por cada 1 volumen de masa hay 1.000.000.000.000 de vacío (sin masa).

*Aún más, si consideramos que el núcleo esta formado por protones y neutrones, y éstos, a su vez, están formados de quarks, y que los quarks son 1.000.000.000.000 más pequeños que el núcleo, podemos decir que los **quarks (y los electrones) son 10 e -24 veces menores (en volumen) que un átomo**. Y si suponemos que el diámetro de un quark/electrón fuera como un botón (1 cm), el átomo tendría un diámetro de 10.000.000.000 cm (= 100.000 km !).*

*Pero, además, sabemos que los quarks no son partículas sólidas, y que son más parecidos a ondas (ondas de función de probabilidad), y que posiblemente estén constituidas por cuerdas o membranas en vibración mucho más pequeñas, nos podemos dar cuenta de que **el concepto materia (masa) es muy etéreo/virtual**. **Y ,como posteriormente veremos, pueden ser conceptos emergentes.***

Por lo cual, lo que nosotros percibimos o reconocemos como formas de **Materia** del Universo (cuerpos) como estímulo del **sentido del tacto,** no son más que formas prácticamente vacías (con un volumen de masa por cada 10 e +24 de vacío), pero con cargas eléctricas (positivas y negativas), que son las que realmente nos dan la sensación (tacto) de consistencia de los cuerpos o de los distintos estados de la materia (sólida, líquida y gaseosa). Dichas cargas eléctricas son las que impiden que los cuerpos sólidos de traspasen. Si pudiéramos neutralizar las cargas eléctricas de un cuerpo (pelota), este podría, con mayor o menor dificultad, traspasar otro cuerpo sólido (las paredes).

El **principio de exclusión de Pauli** es la razón por la que no podemos traspasar con las manos cuerpos sólidos.

Y, si tenemos en cuenta que los **Colores,** que son los que nos permiten visualizar y hacernos una composición espacial de las formas del Universo que nos rodean (mediante el **sentido de la vista**), no son más que ondas electromagnéticas que van del rojo (700 nm = 7 10 e -7) al violeta (400 nm = 4 10 e -7), y que son producidas al alterarse las órbitas de los electrones en las moléculas por excitación de los fotones al chocar con ellas. Si no llegan fotones (LUZ) no se emiten ondas EM y no se ve el cuerpo (es la oscuridad). Según la molécula, se producen diferentes ondas EM dando los diversos colores que vemos.

Todo ello nos refleja una visión un tanto virtual del Universo en el que vivimos, y del que nos hacemos una composición según los estímulos que recibimos. Es muy parecido a lo que podría ser un programa informático, al estilo **"Second Life"**, o cualquier juego virtual en 3D, donde en lo más pequeño nos encontramos con los "Pixeles" de luces (a más pequeños mayor calidad de definición), y en lo más grande hemos de definir límites, estableciendo bucles que el usuario no los perciba.

Extraordinaria es la escena de la película **"Nivel 13"** (dirigida por Josef Rusnak en 1999) en la que el protagonista descubre que esta dentro de un programa virtual informático.

LAS LEYES A TRAVÉS DEL ARCOÍRIS FRACTAL

Somos pura energía adecuadamente conjuntada y armonizada por los Principios y Leyes Fundamentales físicas que subyacen en el Universo. Pero estas leyes, se manifiestan de forma diferente a través de los diferentes espectros y franjas del **Arcoíris nD.** Dado que nD indica n Dimensiones, se entiende que los diferentes espectros escalares pueden ser de diferentes dimesiones (D-Branas).

Los diferentes **Campos de Fuerzas** conocidos (Débil, Fuerte, Electromagnético y Gravitatorio) rigen o predominan de diferente forma a través de estos espectros o zonas (Escala) del **Arcoíris 3D.** Ello ha obligado a utilizar diferentes modelos y patrones para poderlas explicar e interpretar mejor **(Físicas Clásica, Cuántica y Relativista, y Matemáticas de Euclides, Neumann y Riemann).**

Podemos aceptar o convenir que las **Leyes Fundamentales** y subyacentes del **Universo Global** son (o pueden ser) las mismas para todos los espectros (y branas), aunque éstas se manifiesten de forma diferente a través de ellas.

De esta forma, estas manifestaciones de las leyes físicas de los diferentes niveles no serán independientes entre sí, sino más bien dependientes y congruentes las unas con las otras, de forma que se puedan establecer modelos y teorías que engloben varias zonas o espectros, como la Mecánica Cuántica, la Teoría de la Relatividad, o últimamente la **Teoría M.**

Y podríamos suponer o extrapolar que en algunas de estas diferentes zonas pueden existir **Universos Paralelos** que se rijan por las manifestaciones de las leyes y principios fundamentales propios del nivel. Pudiendo coexistir otros campos, ondas, formas, entidades y seres (vivos o no).

Sería lo mismo que si en un Universo (Plano) de **Dos Dimensiones espaciales (X, Y) y una tercera (el Tiempo),** apareciera una **Cuarta Dimensión espacial (Z):**

> *Podríamos suponer que una hoja de un libro podría ser este Universo 2D espacial (Plano) en el que viven y se mueven seres por su superficie X-Y. Todas y cada una de las hojas de un libro podrían ser universos 2D planos diferentes (Universos Paralelos), y podrían haber tantos universos como hojas. Los seres que se movieran por una hoja no sabrían de la existencia de las otras hojas (o universos), salvo que hubiera algún tipo de "atajo" ("agujeros de gusano") o comunicación extraña ("fantasmas" ?). Como en el libro de Edwin A.ABBOTT, "Planilandia".*

Si vemos el diagrama que representan los distintos espectros (franjas, zonas, niveles,...) desde la escala 10 e -1000 a 10 e +1000 en intervalos de 10 e 100, nos podemos hacer una idea de lo inmenso que puede ser el **Universo Global** comparado con el **Universo Nuestro** (conocido) que se mueve sólo en la franja central (de 10 e -50 a 10 e +50) del que, como mucho, realmente llegamos a conocer o intuir desde 10 e -35 (cuerdas) hasta 10 e +35 (multiversos).

Evidentemente estos conceptos no se limitan exactamente a estas fronteras, sino que estas franjas o espectros de colores deben verse y entenderse que varían de una forma gradual (como los colores del arco iris) **y sin límites.** Donde habrán unos efectos que solo abarcarán una parte de una franja (ondas de presión de aire, olas marítimas,...), y otros que abarcarán varios niveles (ondas electromagnéticas, campo gravitatorio,...).

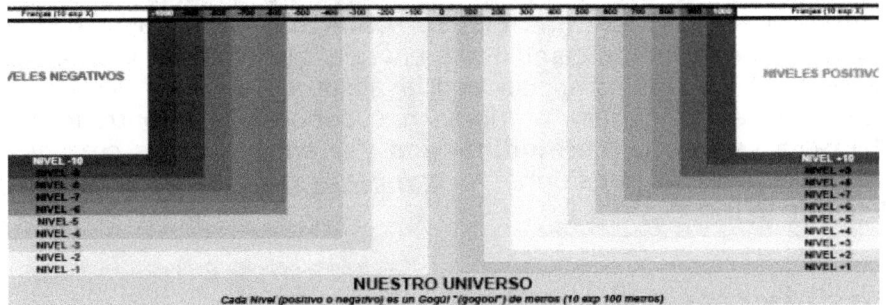

Fig.3: Niveles de Escalas del Universo Global

Si fuera correcta esta propuesta sobre un **Universo Global** formado de diferentes franjas o espectros (*"fractales", ya que aunque en el diagrama se representan en franjas de 10 e 10 m es evidente que estas escalas son logarítmicas y estas franjas son menores para exponentes menores*), como un **Arcoíris en 3D (o nD)**, entonces podrían existir ondas electromagnéticas en otras escalas que no serían actualmente detectables por nuestros sistemas:

- Tanto a <u>niveles grandes</u> (por ejemplo en escalas de <u>10 e +100 metros</u>), que seguramente estarían constantemente atravesando **Nuestro Universo**, aunque no las podríamos detectar (¿o sí?). Podrían estar traspasándonos ondas electromagnéticas de 10 e+100 metros de longitud de onda, indetectables para los instrumentos y tecnologías que disponemos actualmente. Y , porqué no, de 10 e+1000 metros?.

- Como a <u>niveles pequeños</u> (por ejemplo en escalas de <u>10 exp -100 metros</u>), que, considerando sus altos niveles de energía, posiblemente tendrían un alcance muy corto (dentro de su propia escala).

Así mismo, como ya hemos indicado anteriormente, **a estas escalas podrían existir otro tipo de ondas (y campos de fuerza)**,

31

que son actualmente totalmente desconocidas para nosotros, y que serían propias del **Sistema Físico (Abierto)** de estas escalas.

Si consideramos que los diversos **Niveles de Escalas** se pueden considerar como **Sistemas Físicos Abiertos**, ello significaría que podría haber un intercambio de energía entre ellos. O sea que **Nuestro Universo** conocido podría absorber o ceder energía de otros niveles escalares, inferiores o superiores, sin contradecir la **Primera Ley de la Termodinámica** (*"la energía no se crea ni se destruye, solo se transforma"* o **cambia a otro Nivel o Sistema Escalar !!!**).

LOS LÍMITES DE NUESTRO UNIVERSO

Para ser coherente con los modelos físicos actuales, la corriente principal (*"mainstream"*) de la física, propone que Nuestro Universo tiene unos límites dentro de este **Arcoíris 3D**:

- Un límite inferior: la **Escala de Planck** de aproximadamente 10 e - 35 metros (la longitud estimada de las Supercuerdas). Una medida inferior no puede ser tratada adecuadamente en los modelos de física actuales debido a la aparición de efectos de gravedad cuántica.

- Un límite superior: la propia dimensión de **Nuestro Universo** conocido de aproximadamente 10 e +27 metros.

Por lo que nuestra **Franja o Zona conocida del Universo Global** tiene un **orden de magnitud "escalar"** total de **10 exp +62**, menor a un Gúgol o "Googol" (10 e +100).

Según las Teorías Científicas aceptadas actualmente, se considera a **Nuestro Universo** como un **Sistema Físico Cerrado** y en continua **Expansión "acelerada" Isotrópica**. Lo que lleva a la incongruencia de precisar de una **Energía Oscura** que explique esta expansión, así como a tener que aceptar que dicha velocidad de expansión puede ser **superior a la velocidad de la luz**.

Quién sabe si, considerando **Nuestro Universo** como un **Sistema Físico Abierto**, estas incongruencias se podrían solventar (?).

La **Expansión Isotrópica** se puede entender fácilmente si pensamos en 4 monedas (A, B, C y D) separadas 5 cm a las que cada 10 segundos las separamos 5 cm más. En el instante inicial la separación entre A y D sería de 20 cm. Pero al cabo de 1 minuto sería de 260 cm, mientras que la velocidad de separación entre ellas es solo de 30 cm por minuto. Si imaginamos esta idea teniendo en cuenta las magnitudes de cantidad de estrellas y galaxias que existen en el Universo, y las velocidades de separación, se podrá entender porque se supone que la velocidad total de expansión del universo puede ser superior a la velocidad de la luz.

Una propiedad de la **Expansión Isotrópica** es que desde cualquier lugar del Universo veremos que los objetos (estrellas, galaxias,…) se distancian de nosotros a una velocidad proporcional a la distancia a la que están alejadas de nosotros. Luego si pusiéramos una limitación a la velocidad de expansión (Ejem. La velocidad de la luz), esto implicaría que a cierta distancia la expansión se pararía. Si miráramos desde la Tierra en todas direcciones tendríamos una frontera donde pararía la expansión, y nosotros (la Tierra estaría en el centro). Cosa que sería muy extraña y muy casual.

El telescopio espacial Hubble detectó durante 2003 y 2004 la zona denominada el **Campo Ultra Profundo del Hubble** (**Hubble Ultra Deep Field** o **HUDF**), donde se divisan lo que se cree que fueron las primeras galaxias tras el **Big Bang**, y que se supone que se encuentran a más de 13.000 millones de años luz de nosotros. Por lo que son los objetos más lejanos jamás observados por el ser humano.

Según la **Teoría de la Expansión Isotrópica del Universo** (que se expande por igual y a la misma velocidad en todas sus direcciones y zonas), no existe un **Centro del Universo** donde se generara el Big-Bang, ni existen unos **límites o fronteras** exteriores de Nuestro Universo.

Lo que se ha divisado (fotografiado) en el HUDF también se puede observar en cualquier dirección en la que miremos (ya se han realizado fotografías de otras zonas del Universo con galaxias similares a las del HUDF). Luego el HUDF no es una zona especial, sino que en todas direcciones que dirijamos el telescopio se divisan zonas parecidas (galaxias, cúmulos de galaxias,…), esto es lo que caracteriza la expansion isotrópica (que es igual en todas direcciones).

Es interesante entender la diferencia que hay entre **Nuestro Universo** (conocido) y Nuestro **Universo Observable**. Debido a que la expansión isotrópica se produce a una velocidad superior a la de la luz, se supone que **Nuestro Universo** (conocido) puede tener un diámetro de 90.000 millones de años luz. Mientras que, como se produjo aproximadamente hace 14.000 millones de años, el **Universo Observable** (debido a que solo podemos ver la luz que nos ha llegado hasta la fecha) será una esfera con un diámetro de 46.500 millones de años luz, **dentro de Nuestro Universo**.

Así mismo, y según las actuales Teorías Físicas convencionales, **Nuestro Universo** no tiene ni centro, ni fronteras, ni límites exteriores. No tiene una forma morfológica en 3D determinada. A estas escalas debemos hablar de **formas de espacio-tiempo en 4D**, que se nos hacen difíciles de asimilar por nuestro cerebro, y que sólo son modelables matemáticamente (Ecuaciones de Friemann y Variedades o "Manifolds" de Riemann).

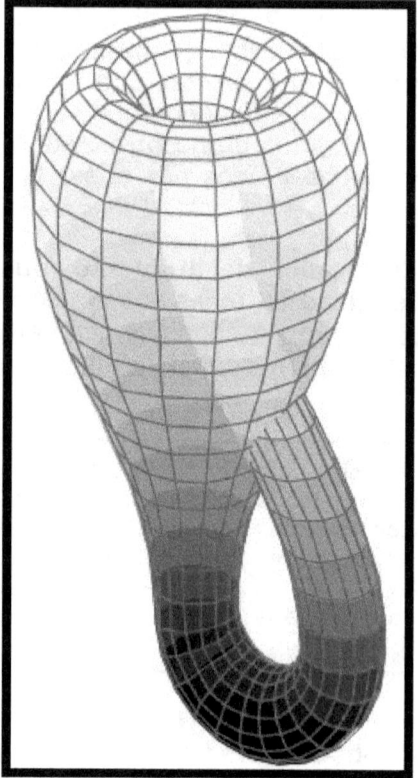

Fig.4-5: Posibles formas 4D de Nuestro Universo

Toro de Möbius 4D o Botella de Klein 4D.

(Representaciones en 3D)

Se presentan varias alternativas posibles (Universo de espacio-tiempo Plano, Cerrado/Esférico o Abiérto/Hiperbólico). Y en el caso de que el Universo fuera Plano (que es el que se considera más factible), la forma espacio-tiempo de 4D del Universo podría ser un 4D **Toro de Möbius** o una 4D **Botella de Klein** que no dejan de ser formas 4D que realizan la función de **Sistema 4D de Bucle Cerrado** (bucle del espacio-tiempo que impide que nada pueda salir de este "volumen 4D" de espacio-tiempo). No es ni más ni menos que lo que hacemos para limitar los programas de juegos informáticos de 3D, para no sobrepasar nunca a sus límites, y sin darte cuenta.

El hecho que hace preveer que **Nuestro Universo Conocido** se presente en estas formas 4D tan complejas y no como una esfera o, como mucho, como una nube irregular, que es lo que parecería más lógico, es debido a que se considera que en estas dimensiones el **Espacio-Tiempo se colapsa sobre sí mismo** debido a la enorme **Fuerza de la Gravedad**.

A pesar de todo ello, y de esta forma 4D, quien sabe si algún día podríamos detectar objetos del exterior de **Nuestro Universo**, o hasta poder escapar de este fastidioso **Sistema 4D de Bucle Cerrado** en el que estamos. Aunque para observar este Universo desde fuera, nuestro cerebro debería ser capaz de asimilar y comprender las formas 4D.

Una forma de entender los **sistemas de bucle cerrado** es nuestro propio planeta (La Tierra). Durante muchos siglos y miles de años la humanidad consideró que vivía sobre una **Tierra Plana** (infinita o no), en la que el agua del mar se derramaba en sus límites. Y donde el Sol, la Luna, los planetas y las estrellas giraban a su alrededor. Ahora sabemos que es esférica, y que si andamos recto en cualquier dirección, tras 40.000 km volveremos al mismo lugar. Este es un **bucle cerrado (de) 2D,** curvado en un espacio 3D.

Nuestro cerebro (como todo nuestro cuerpo) ha evolucionado para subsistir y comprender la franja o nivel de escala en la que vivimos (como mucho entre 10 e-10 y 10 e+10 metros, entre las moléculas y el sistema solar). Para comprender las escalas superiores e inferiores debe hacer un esfuerzo suplementario, y apoyarse en modelos matemáticos, que a veces, son totalmente imposibles de comprender o visualizar por nuestro cerebro. ¿Pueden ser estas dimensiones de 10 e-30 a 10 e+30 m los límites máximos que nuestro cerebro es capaz de asimilar?

Para entender mejor lo que se ha expuesto, podemos poner el **ejemplo de una hormiga**. ¿Está su cerebro preparado para entender que la Tierra es redonda? ¿Y cual es su comprensión cuando un humano la toca o impide el paso? Para ella ésto lo considerará un fenómeno de la naturaleza, como un terremoto o un huracán.

Durante mucho tiempo se consideraron muchas nebulosas o galaxias visibles a simple vista como simples estrellas o nebulosas, respectivamente, hasta que los instrumentos nos permitieron discernirlos, y, a partir de allí, se detectaron muchas galaxias más. Actualmente se consideran que hay en Nuestro Universo tantas galaxias (10 e +11) como estrellas (10 e +11) en nuestra galaxia (**Vía Láctea**).

Quien sabe si algún día, seamos capaces de detectar otros objetos o universos fuera de las fronteras u horizontes de **Nuestro Universo**. O que detectemos ondas o cualquier otro tipo de estímulos, que provinieran de fuera de **Nuestro Universo**, y de fuera de este laberinto cerrado 4D.

Sería absurdo pensar que los límites conocidos actualmente del Universo son sus límites absolutos. Ello implicaría que casi conocemos todas las leyes físicas del Universo, y, según el sentido común, es más factible que estemos al inicio de conocerlo, y todavía nos falte mucho más por descubrir y comprender.

Podríamos considerar la **malla dimensional del Universo Global** (3D espacial + 1 temporal de Nuestro Universo y descrita por Einstein en su Teoría de la Relatividad General, con sus deformaciones producidas por la Gravedad y la Energía) como una malla de **diferentes dimensiones variables (nD) para las distintas escalas dimensionales.**

"¿Por qué conformarse con los modelos y patrones conocidos de las leyes fundamentales subyacentes de Nuestro Universo, si podríamos entenderlos mejor si los pudiéramos descifrar desde fuera de sus límites?" (El sentido común)

NUEVAS DIMENSIONES ESPACIALES: TEORÍAS DE KALUZA-KLEIN Y COSMOLOGÍA DE BRANAS

*Los matemáticos Theodor Kaluza (1919) y Oskar Klein (1926) propusieron una Teoría que supone la existencia de más dimensiones espaciales (a las tres conocidas X-Y-Z) enrolladas sobre estas a escalas muy pequeñas (Dimensión de Planck). Dichas **dimensiones** circulares serían unas direcciones **nuevas e independientes**. Al igual que si miramos una manguera desde cierta distancia parece que solo tenga dos dimensiones, pero al acercarnos vemos que tiene otra que conforma su superficie exterior. Según la **Teoría de Cuerdas**, estas dimensiones adicionales serían 6, y deberían estar enrolladas en una forma de **Calabi-Yau 6D**. Dicha teoría podría ser compatible con la CDT (Causal Dynamical Triangulation). Para nuestra escala, estas dimensiones no nos afectan, ni las podemos apreciar. Pero para unos hipotéticos habitantes de estas dimensiones tan pequeñas, tomarían todo su sentido y protagonismo.*

*Nos podríamos plantear si la forma **espacio-tiempo de 4D de Nuestro Universo** (4D **Toro de Möbius** o una 4D **Botella de Klein**) no sería más que otro tipo similar a estas dimensiones enrolladas de Kaluza-Klein)pero para grandes dimensiones (Sistema 4D de Bucle Cerrado). De forma que si saliéramos de Nuestro Universo, ciertas dimensiones que nosotros detectamos dentro, dejarían de tener vigencia. Es como si afirmáramos que **las dimensiones son diferentes según las escalas espaciales de referencia** en las que nos encontremos.*

*La teoría llamada **Cosmología de Branas** (membranas) propone que la parte visible de nuestro universo de cuatro dimensiones está limitada a una brana dentro de un espacio de dimensionalidad superior llamado el **"bulk"** o "bulto", en español, y sugiere que el **Big-Bang** surgió de un choque de branas, y así mismo parece explicar la **debilidad de la fuerza de la gravedad**, que podría "filtrarse" o escaparse al "bulk".*

3. BUSQUEDA DE EVIDENCIAS

Toda nueva propuesta científica debe ser adecuadamente **probada (experimentalmente) o demostrada (teóricamente)** para pasar a ser aceptada de forma oficial por la comunidad científica, y es evidente que hasta la fecha no existen evidencias (ni experimentales ni teóricas) que prueben o demuestren este nuevo modelo de universo (**Arcoíris 3D**).

El objetivo del presente libro es simplemente proponer una idea o propuesta a tenerse en cuenta, y que ofrece un escenario/enfoque más amplio del que actualmente tenemos de **Nuestro Universo** conocido. El reconocer/aceptar la posibilidad de la certeza/viabilidad de esta propuesta, facilitaría el que se definan y planifiquen los ensayos y formulaciones oportunas para obtener las pruebas o demostraciones que lo certifiquen o lo rebatan. Por el contrario, si sólo nos ceñimos a lo conocido, y <u>nos supeditamos a los límites aceptados actualmente, difícilmente saldremos de ellos</u>.

La **forma (experimental) más evidente de probar esta propuesta**, sería el poder <u>detectar señales (ondas) propias de estas franjas interiores y exteriores</u> a la banda espectral de Nuestro Universo.

Para los **límites exteriores** parece, dentro de su complejidad, más aceptable la posibilidad de detectar señales <u>conocidas</u> (ondas) externas o evidencias sobre la existencia de otras entidades o Universos. Y parece más posible que algún día podamos ser capaces de detectar ciertas **Ondas Electromagnéticas,** o las enigmáticas **Ondas Gravitatorias/ Gravitacionales,** que provinieran del exterior de **Nuestro Universo**.

Si suponemos que **Nuestro Universo** es uno más de entre los millones de otros posibles Universos, las posibles **Ondas Electromagnéticas** y **Gravitacionales** generadas por los Big-Bang de estos otros Universos (generados con anterioridad al Nuestro), podrían estar atravesando Nuestro Universo actualmente.

No estoy de acuerdo con los que proponen que estas ondas nunca podrían llegar a Nuestro Universo, debido a que puede que nos estemos alejando de ellas a una velocidad mayor que la de la luz. Puede que estas ondas se generasen con anterioridad, o , simplemente, no nos alejemos tan rápido. O, porqué no, estas ondas podrían viajar a una velocidad superior a la de la luz de Nuestro Universo. No sabemos que sucede fuera de Nuestro Universo.

Sin embargo, para los **límites interiores** parece más complejo, debido a que las únicas señales conocidas que podríamos detectar son las **Ondas Electromagnéticas** de longitud de onda inferior a la Dimensión de Planck, que parecen imposible que existan por tener una **energía muy (demasiado) elevada.** O las aún desconocidas **Ondas Nucleares.** Ambas, si existieran, seguramente tendían también un **alcance muy corto,** por lo que, su posible detección, parece muy difícil.

ONDAS ELECTROMAGNÉTICAS

Una señal conocida que nos permitiría validar la propuesta son las **Ondas Electromagnéticas**, que pueden interactuar en las diversas franjas espectrales, desde las más pequeñas (<10 e-35 metros, la longitud de Planck), a las más grandes (>10 e+26 metros, la longitud de Nuestro Universo).

Pero la existencia de estas ondas ¿significaría (implicaría) que se originaron y provienen del exterior de la franja de Universo que conocemos? ¿Una onda EM de longitud de onda inferior a 10 e-35 metros debe provenir obligatoriamente de escalas menores a esta dimensión?, o ¿también podrían ser generadas dentro de Nuestro Universo conocido?. Las mismas preguntas nos las podríamos hacer sobre las ondas de EM superiores a 10 e+26 metros.

Según la Teoría de Cuerdas las ondas EM no pueden escapar de su propia brana, ni tampoco entrar en otras branas, por lo que este apartado no tendría sentido.
Una onda EM del exterior de Nuestro Universo (Nuestra Brana) nunca podría entrar en él, por lo que **tampoco las podríamos detectar.**

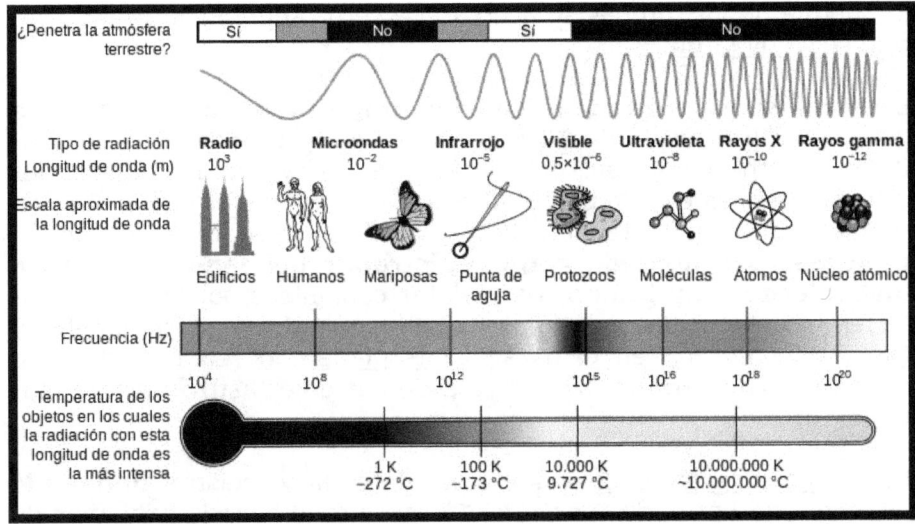

Fig. 6: Espectro de Radiaciones Electromagnéticas

Si nos imaginamos de nuevo la **alegoría de que un Electrón es el equivalente a la Tierra** dando vueltas alrededor del Núcleo de un átomo, como la Tierra las da alrededor del Sol, y que unos **seres inteligentes pudieran vivir en esta escala** con una tecnología equivalente a la nuestra, ¿serían capaces de <u>crear ondas de radio de FM</u>? Y si no lo fueran, ¿serian <u>capaces de detectar ondas de FM</u> provenientes de unas escalas superiores?

Para los campos EM de pequeñas dimensiones, tenemos el problema la <u>alta energía de estas ondas,</u> en las que una sola onda (fotón) con la longitud de onda de Planck (10 e-35 metros), lleva la energía de alrededor de 3 toneladas de TNT. Así que para detectar este tipo de radiación electromagnética, nos deberíamos esconder en un refugio (bunker) y esperar a que se produjera una explosión muy fuerte. Otro problema es que posiblemente las ondas de estas dimensiones, tendrían <u>un alcance muy corto</u>, que nos dificultaría su detección.

Así mismo, para detectar ondas de grandes dimensiones, también llamadas **ELF** *("Extrem Low Frecuency")* o incorrectamente **"DC EM waves"** ("Direct Current EM waves", u ondas EM de CC, corriente continua), dado que casi se pueden considerar ondas planas para nuestra escala, tendríamos el problema contrario, la baja energía de las mismas. En estas ondas (casi sin frecuencia para nuestra escala) la energía de los fotones se acercaría a cero. Aunque su alcance podría ser muy largo.

Las **ondas electromagnéticas de longitud de onda de 10 e +10,** (una frecuencia de **30 Hz,** esto es sólo 30 ondas cada segundo, nada especial en realidad, similar a la frecuencia de las resonancias magnéticas de campo de línea en la magnetosfera de la Tierra), podrían ser fácilmente detectadas, medidas y registradas con un **multímetro conectado a un registrador de banda, y con un aislamiento muy bueno,** para evitar cualquier tipo de ruido o interferencia, lo cual puede implicar tener que ubicar el multímetro y toda la instalación en el espacio interplanetario (en un satélite o nave interplanetaria lo más alejada de cualquier astro: planeta, satélite,...).

Pero la cosa se complica si queremos detectar y registrar **ondas EM** de longitudes de onda superiores, y sobre todo cuando hablamos de longitudes **superiores a 10 e+25 metros.** Esto significa un período de 1.000 millones de años para un ciclo completo, y deberíamos ser capaces de percibir un pequeño trozo de la onda (con una precisión de 1/1.000.000.000 de variación de la amplitud de la onda para 1 año de medición y registro). Y como mínimo precisaríamos varias mediciones (y tantos años como mediciones).

Una de las dificultades que se presentan para la detección de estas frecuencias tan bajas *(ELF: "Extrem Low Frecuency")* es el **tamaño de la antena.** Las antenas deben tener un tamaño aproximado a la mitad de la longitud de onda con la que operan. Sin embargo, existen otras formas de construir estaciones de radio con tamaños más reducidos gracias al **alargamiento eléctrico.** Pero precisaríamos un sistema de alargamiento eléctrico entre estaciones situadas a distancias muy elevadas (alrededor de la Tierra, Tierra-Luna,...).

Para longitudes de onda largas de unos pocos metros, un radio telescopio de nueva generación, el **Low Frequency Array (LOFAR),** ha comenzado las operaciones de prueba en 2009 y estará **plenamente operativo en 2013.** La mayoría de las 40 estaciones previstas están operando en los Países Bajos (http://www.lofar.org), seis en Alemania (http://www.lofar.de), y una en el Reino Unido (http://www . LOFAR-uk.org), en Suecia (http://lofar-se.org) y en

Francia (http://www.lesia.obspm.fr/plasma/Lofar). Esta prevista la extensión a otros países europeos. Entre las muchas posibilidades de observación de LOFAR, está el ser capaces de rastrear la emisión de sincrotrón de radio de baja energía en los rayos cósmicos de débiles campos magnéticos. Esto nos permitirá observar las regiones ultra-periféricas de las galaxias que sólo son accesibles a través de las ondas de radio.

Pero aún en el caso en que fuera posible detectar estas ondas **EM de longitudes de ondas tan extremas**, positivas o negativas, no está 100% garantizado que estas ondas provinieran de fuera de nuestro universo conocido, aunque siempre es una posibilidad a considerar.

ONDAS GRAVITATORIAS/GRAVITACIONALES

Otra opción para detectar estímulos del exterior de **Nuestro Universo Conocido** podrían ser las enigmáticas **Ondas Gravitatorias/Gravitacionales.**

La Gravedad, que es la primera fuerza que el hombre conoció (Galileo, Copérnico y Newton durante el siglo XVII), anterior a la **EM** (Oersted, Ampere y Maxwell durante el siglo XIX) y evidentemente a las **Fuerzas Cuánticas** (Nucleares Débil y Fuerte, Fermi y Yukawa durante el siglo XX), actualmente es posiblemente la fuerza (el campo) más desconocida y enigmática.

En física, una **onda gravitacional/gravitatoria** es una ondulación del espacio-tiempo producida por un cuerpo masivo acelerado. Las ondas gravitacionales constituyen una consecuencia de la teoría de la relatividad general de Einstein y se transmiten a la velocidad de la luz.

La primera observación directa de las ondas gravitatorias se logró el 14 de septiembre de 2015; los autores de la detección fueron los científicos del experimento LIGO que, tras un análisis minucioso de los resultados, anunciaron el descubrimiento al público el 11 de febrero de 2016, cien años después de que Einstein predijera la existencia de las ondas. La detección de ondas gravitatorias constituye una nueva e importante validación de la teoría de la relatividad general.

Las **Ondas Gravitatorias**, pueden <u>desplazarse a muy largas distancias prácticamente sin alteración</u>, y entre sus posibles fuentes se encuentran tres tipos:

* **Fuentes catastróficas por explosión** producidas por la **Coalescencia** de sistemas compactos de estrellas binarias, o formación de estrellas de neutrones o agujeros negros en supernovas.
* **Fuentes de Banda Estrecha**: Rotación de estrellas individuales no asimétricas como estrellas binarias lejos de la coalescencia.
* **Fondos Estocásticos** debidos al efecto integrado de muchas fuentes de muy larga distancia, y hasta que podrían ser generados por efectos de las anteriores fuentes producidos en el <u>universo primitivo</u>.

Nuevos estudios proponen que una de las causantes de la **Energía Oscura** podrían ser las **Ondas Gravitatorias Primordiales** producidas durante la fase inflacionaria en los primeros instantes de la Gran Explosión.

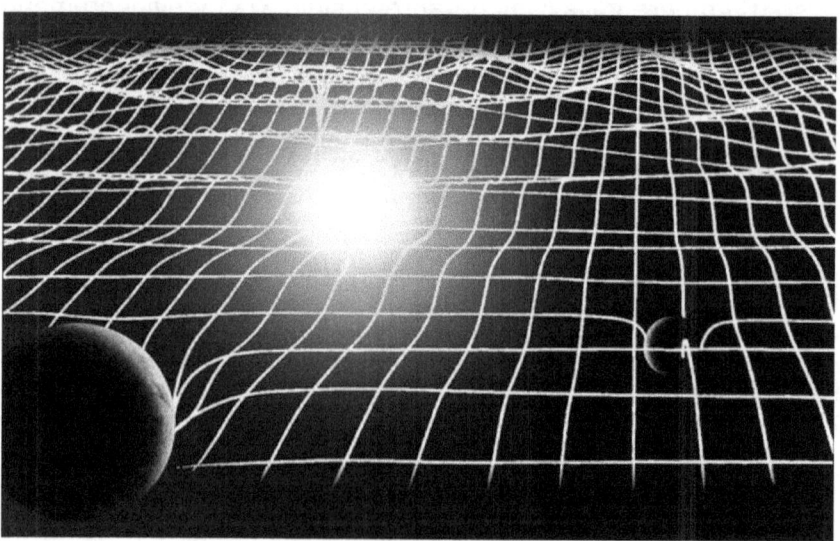

Fig.7: Gravitational waves

Actualmente existen varios proyectos de observación de ondas gravitacionales, como **LIGO** (Estados Unidos), **TAMA 300** (Japón), **GEO 600** (Alemania y Reino Unido), o **VIRGO** (Francia e Italia).

Los más pesimistas consideran que la detección real de ondas gravitacionales sólo podrá ser realizada desde el espacio. Una misión espacial denominada **LISA** ("Laser Interferometer Space Antenna") se encuentra en fase de estudio para constituir el primer **observatorio espacial de ondas gravitacionales** y podría estar operativo alrededor del 2020.

El estudio de estas ondas nos ayudará a contestar preguntas sobre el comienzo del universo, su hipotético fin o sus límites, y quien sabe si **otros Universos exteriores al Nuestro**. Es posible que puedan detectarse Fondos Estocásticos generados por el **Big-Bang de otros Universos** exteriores al nuestro, o debidos a **colisiones entre ellos**.

FUERZAS EXTERNAS GRAVITACIONALES

De acuerdo con la Teoría de Supercuerdas, la fuerza de **la gravedad es la única fuerza que podría escapar de un mundo-brana** (porque es una cuerda cerrada. *Ver Anexo 4*), y podría influir en otros mundos branas cercanos y paralelos. La materia oscura podría ser una manifestación de una fuerza de este tipo. Por el contrario, **las otras tres fuerzas conocidas (EM, S y W), no pueden escapar a nuestro mundo-brana** (por ser cuerdas abiertas).

Entonces, podría ser posible que las **fuerzas de gravedad** que vinieran de fuera de Nuestro Universo (de otros Universos de "bolsillo" o Universos paralelos) **podrían actuar sobre Nuestro Universo y afectar / influenciar sobre objetos** en el interior (e.j.: **transmitiendo trayectorias inexplicables** considerando sólo la gravedad de Nuestro Universo).

NUEVA TEORÍA SOBRE DEL FUNCIONAMIENTO DE LA GRAVEDAD

*Los diferentes Campos de Fuerzas de la Naturaleza que conocemos (Nucleares Débil y Fuerte, Electromagnética y Gravitatoria) llevan asociadas una partícula (Bosón, Gluón, Fotón y Gravitón, respectivamente) pero éste último (el **Gravitón**) aún está pendiente de demostrarse experimentalmente.*
*Actualmente **aún se desconoce como funciona realmente la Gravedad** (tanto **Newton**, Einstein y Hawking, aceptaron que desconocían cómo trabaja*

la gravedad). Newton creía que la Gravedad es una **fuerza atractiva** entre masas, mientras que **Einstein** propuso en su Teoría de la Relatividad (la actualmente aceptada como oficial) el concepto de **Espacio-Tiempo Curvado** como su posible causa.

Mientras que actualmente existen otras propuestas que intentan explicar la gravedad por la Teoría Cuántica, como la de **Arthur A. Larson** que propone que es una **interacción de emisión y absorción de gravitones** desde dentro de los núcleos de los átomos entre sí, que producen auto-movimiento de átomos uno hacia el otro. O, como también dijo **Hawking**, "un intercambio de gravitones entre las partículas que constituyen dos cuerpos" que hace que se muevan o atraigan. La gravedad sería entonces cuantificada (basada en las partículas) como lo son todas las otras fuerzas de la Naturaleza. **Una gravedad cuantificada es uno de los santos griales de la ciencia.**

Si esta última propuesta (de **Larson y Hawking**) fuera correcta, supondría un cambio importante en los conceptos aceptados en la actualidad científicamente sobre el Universo, como la **limitación de la velocidad** de la luz, el **Big-Bang** y la **expansión del Universo.**

RADIACIÓN DE FONDO DE MICROONDAS

La teoría inflacionaria (si también fuera válida fuera de los límites de Nuestro Universo) predice la imposibilidad de viajar entre dos "universos burbuja" exteriores al Nuestro, pues el espacio entre ellos se hallaría aún en fase de inflación, expandiéndose más rápido de lo que la luz puede viajar a través de él, de tal forma que ningún tipo de radiación que probase su existencia podría llegar hasta nosotros.

Sin embargo, los físicos se han preguntado que ocurriría **si dos de esas burbujas (Universos) colisionasen**, de modo que en algún punto entre ellas no existiese espacio en fase inflacionaria. Por ejemplo con Nuestro Universo (**Nuestra Burbuja**).

Un estudio y análisis de las **Radiación de Fondo de Microondas del Universo** (realizadas por la sonda **WMAP** de la NASA) y tratadas con ciertos **filtros y algoritmos informáticos**, parece que detecta **colisiones de otras burbujas** con la nuestra (Nuestro Universo), en tiempos primigenios. Esas colisiones se habrían producido previsiblemente **durante la infancia de Nuestro Universo.**

http://moriond.in2p3.fr/J12/transparencies/11_Sunday_am/mcewen.pdf

Este equipo internacional ha creado un nuevo **algoritmo computerizado** para cazar dichas irregularidades en nuestro universo, que creen que serían de una forma circular y similar al achatamiento temporal que se produce cuando una pelota golpea a otra.

Por suerte, los telescopios modernos son capaces de estudiar una especie de fotografía difuminada del universo cuando era un bebé: el **fondo cósmico de microondas**. El CMB (en inglés) es la radiación emitida por el plasma caliente que dominó el universo hasta unos 380.000 años después del "Big-Bang", que se cree ocurrió hace más de 13 mil millones de años.

Pero podría ser que **los mapas actuales del CMB (**Cosmic Microwave Background) **no son lo suficientemente precisos** para detectar los mínimos cambios que presumiblemente indicarían un choque o una colisión inter-universal. Por lo que se están esperando ansiosamente los nuevos datos del **telescopio espacial Planck,** que está grabando el CMB con una **resolución tres veces mejor** que el mapeo más reciente del CMB, que se creó usando la sonda orbital Wilkinson Microwave Anisotropy Probe (WMAP).

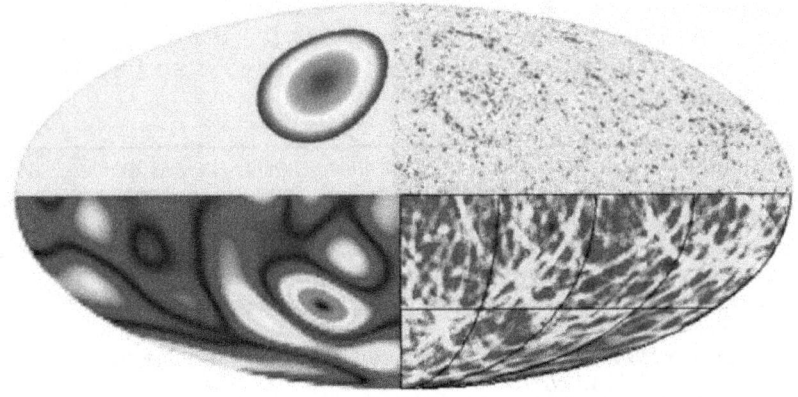

Fig.8: Posibles colisiones de Universos en WMAP

La recolección de información del Planck está previsto que finalice este año 2012. Hasta la fecha de publicación del presente libro, no hay todavía conclusiones claras al respecto.

UNIVERSOS DENTRO DEL VOLUMEN DE PLANCK

La **Escala / Dimensión o Longitud de Planck** (ℓ_P) es la distancia o escala de longitud por debajo de la cual se espera que el espacio deje de tener una <u>geometría clásica</u>. Una medida inferior previsiblemente no puede ser tratada adecuadamente con los modelos de física actuales debido a la aparición de efectos de gravedad cuántica. Explicándolo brevemente, cualquier partícula que mida menos de esa longitud, dejará de tener una geometría clásica, o sea un objeto con las dimensiones que conocemos, las cuales son largo, ancho, y profundidad.

<u>¿Puede existir algo (y hasta más Universos) dentro de este volumen?</u> Para nuestro cerebro se hace muy difícil de asimilar. Mientras que la posibilidad de la existencia de otros Universos fuera del Nuestro, aunque difícil, se hace comprensible, para dimensiones inferiores se hace muy difícil de entender y asimilar. Nuestro cerebro nos hace pensar que debe existir un final, una partícula mínima, que hasta hace 100 años se creía que era el **átomo** (en griego **"a (no) –tomo (divisible)"**, que significa *sin partes o indivisible*), que ya se pronosticó por la Antigua Grecia pero que no se ha demostrado hasta el siglo XIX.

La **Longitud de Planck** *se calcula como la <u>distancia que recorre un fotón</u> a la velocidad de la luz en el* **Tiempo de Planck**, *y depende de <u>tres constantes fundamentales</u>, la velocidad de la luz (c), la constante de Planck ($\hbar$) y la constante gravitacional (G). La longitud de Planck es aproximadamente **10 e -35 metros**. Así mismo, se definen diferentes* **Unidades de Planck Básicas** *(Longitud, Tiempo, Masa, Carga y Temperatura) y* **Derivadas** *(Energía, Fuerza, Potencia, Densidad, Presión,...).*
El **Volumen de Planck** *es el Volumen contenido en un cubo con aristas de la Longitud de Planck (ℓ_P al cubo).*

Hemos de tener en cuenta que la Dimensión de Planck (10 e-35 metros) es 10 e-25 menor que la dimensión de un átomo medio (10 e -10 metros). Visto de otra forma, <u>la Dimensión de Planck es para la dimensión de un átomo, lo que para nosotros es la dimensión del Universo Conocido.</u>

Muy poco se conoce de estas dimensiones, y conceptos como la **Espuma Cuántica** (*tejido* básico del universo que se halla sobre estas longitudes) o **Fluctuaciones Cuánticas** (partículas o radiaciones que aparecen de la "nada"), son conceptos confusos y fascinantes que se consideran en estas escalas.

La **Teoría de Kaluza-Klein (1919-1926)** propone la existencia de nuevas dimensiones espaciales enrolladas adicionales que podrían ser tan pequeñas como la Longitud de Planck. Y la **Teoría de Cuerdas** propone la existencia de seis dimensiones espaciales adicionales a las conocidas en forma de espacio de **Calabi-Yau**.

Si se confirmaran la existencia de las anteriores dimensiones espaciales adicionales, a partir de la Dimensión de Planck, implicaría que todos aquellos **entes u posibles universos** que pudieran existir, **serían multi-dimensionales**, y serían muy diferentes a Nuestro Universo, y, por consiguiente, muy difíciles de asimilar para nuestro cerebro y desde nuestra escala de referencia.

¿Que tipo de estímulos pueden provenir de estas dimensiones tan pequeñas y multi-dimensionales? Es posible que a estas escalas inferiores a la Dimensión de Planck, (menores de 10 exp -35 metros) existan **ondas EM** (y puede también que ondas de los campos Fuerte y Débil), pero éstas serían **muy pequeñas y cortas** (tanto en longitud como en alcance) y de muy elevada energía. Pero también sería posible que puedan existir **otros tipos de campos de fuerzas desconocidos actualmente**, y sus respectivas ondas, estímulos o señales, todas ellas indetectables también para nosotros y para los instrumentos que disponemos actualmente en nuestra escala.

El sistema que utilizan actualmente nuestros científicos para estudiar las partículas y fenómenos de estas dimensiones tan pequeñas son los famosos **colisionadores de partículas**, que tratan de observar y detectar las radiaciones y partículas que se producen al colisionar partículas (hadrones, electrones, protones,...) muy pequeñas entre sí, y a muy altas velocidades.

OTROS CAMPOS DE FUERZA DESCONOCIDOS

Como ya hemos mencionado, los diferentes **Campos de Fuerza** conocidos son sólo cuatro: Débil, Fuerte, Electromagnético y Gravitatorio. La **Gravedad**, fue la primera fuerza que el hombre conoció (**siglo XVII**), anterior a la **EM (siglo XIX)** y evidentemente a las Fuerzas **Nucleares Débil y Fuerte, (siglo XX)**. Con estos cuatro campos de fuerzas, se pretenden, actualmente, explicar científicamente todos fenómenos que observamos en el Universo conocido.

¿Que sucedería si se descubriese uno o varios **nuevos campos de fuerza**? ¿Es ésta una hipótesis viable?

Evidentemente ésta es una posibilidad más que viable, sino sería como afirmar que ya lo sabemos casi todo en física, y que pocas cosas nos quedan por descubrir. Suponer esto sería muy pretencioso y hasta irresponsable para científicos serios y rigurosos. Sobre todo teniendo en cuenta que hace IV siglos no se conocía ninguna, hace dos siglos se conoció la EM, y sólo hace 100 años se empezó a hablar de las débil y fuerte.

Al igual que hemos visto que estas fuerzas conocidas predominan más en unas escalas que en otras, puede que estos otros campos de fuerza por conocer, se presenten con mayor esplendor fuera de los límites conocidos de Nuestro Universo (ya sean en los positivos como en los negativos). Pero evidentemente si no los conocemos nos hace más difícil su detección, aunque no imposible. Simplemente hemos de tener la mente abierta a esta posibilidad, y estar atentos a cualquier señal o fenómeno anómalo/extraño que no pueda explicarse con los campos conocidos.

TABLA I: <u>COMPARATIVA ENTRE MODELOS DE UNIVERSO (AC-TUAL Y ARCOÍRIS FRACTAL nD)</u>

MODELO ACTUAL	MODELO ARCOÍRIS FRACTAL
El **Universo** (que es único) está limitado para las escalas superiores por el espacio generado desde el **Big-Bang** (10^{+27} metros) y para las inferiores por la dimensión de **Planck** (10^{-35} metros) en la que la aparición de la **gravedad cuántica** impide que una medida inferior pueda ser tratada adecuadamente con los modelos de física actuales	**Nuestro Universo** conocido (entre 10^{-35} y 10^{+27} metros y que es uno más entre otros) no es más que una franja del espectro de escalas total del **Universo Global**, que, en principio puede ser infinito. Y a medida que la ciencia física y la tecnología avancen, se irá ampliando esta franja.
El **Universo** (que es único) se inició en un **Big-Bang** hace 13.700 millones de años y se está expandiendo de forma **isotrópica** desde entonces.	**Nuestro Universo** es una "burbuja" más de las muchas que hay en una escala superior a la nuestra dentro del **Universo Global**, y que también han tenido (o tendrán) sus propios **Big-Bang** en diferentes momentos.
En el **Universo** existen cuatro **Campos de Fuerzas** (Fuerte, Débil, Electromagnética y Gravedad) que explican todos los fenómenos físicos que se conocen.	Fuera de los límites actuales de esta franja escalar de **Nuestro Universo** pueden existir otros **Campos de Fuerzas** que actúen muy débilmente en el **Nuestro.**
Las **Leyes Fundamentales** subyacentes del **Universo** son las mismas para todo el Universo, aunqué éstas se puedan manifestar de forma diferente en lo pequeño **(Modelo Cuántico)** como en lo grande **(Modelo Relativista).**	Aunqué aceptemos que las **Leyes Fundamentales** subyacentes son las mismas para todos los espectros y franjas del **Universo Global**, éstas se manifiestan de forma diferente a través de ellas, precisando diferentes modelos que formalicen y expliquen las diferentes zonas.
El **Universo** se puede explicar y normalizar mediante dos modelos físicos. El **Modelo Cuántico** (para lo pequeño) y el **Modelo Relativista** (para lo grande). Y se está evolucionando hacia un **Modelo del Todo** que unificaría los anteriores modelos **(Teoría M o de Supercuerdas)**, abarcando Todo el Universo.	Para las diferentes franjas de los espectros del **Arcoíris nD**, del **Universo Global**, pueden predominar diferentes modelos y patrones que expliquen mejor sus fenómenos (**Modelos Cuántico y Relativista**). La posible **Teoría M** simplemente abarcaría una franja más amplia que englobará los anteriores modelos.
El **Universo** es único, y todas las ondas y estímulos, así como los campos y fuerzas que conocemos son los que lo conforman en su totalidad. Sólo se prevén posibles otros **Universos Paralelos**, con posibles seres vivos, en otras posibles **dimensiones espaciales.**	Para las diferentes franjas de los espectros del **Arcoíris nD**, pueden predominar diferentes ondas y estímulos, diferentes campos y fuerzas. Y pueden formarse diferentes entidades y cuerpos. Pudiendo coexistir **Universos Paralelos**, y hasta, porqué no, diferentes seres vivos, en los **diferentes niveles escalares.**
Nuestra especie se halla <u>a medio camino</u> entre las estructuras mas grandes y las mas pequeñas del **Universo** y somos muy afortunados porque ello nos sirve como plataforma para observar al universo en todas sus dimensiones.	**Nuestra especie** se halla <u>a medio camino</u> entre las estructuras mas grandes y las mas pequeñas del **Universo Conocido**, porque desde el espectro escalar de referencia en que nos encontramos, es <u>lo que nuestra tecnología y conocimientos nos permite observar y conocer</u> hacia las dos direcciones.
El **Universo** se considera como un **Sistema Físico Cerrado** en el que la **energía contenida en él es constante.**	Los diversos **Niveles de Escalas** se pueden considerar como **Sistemas Físicos Abiertos**, y ello significaría que podría haber un **intercambio de energía entre ellos.**

TABLA II: POSIBLES SEÑALES DE FUERA DE LOS LIMITES DE NUESTRO UNIVERSO

ESCALAS POSITIVAS
Ondas Electromagnéticas de muy elevadas <u>Longitudes de Onda</u> (>10 exp +30 metros) que traspasen Nuestro Universo.
Ondas Gravitatorias provenientes de <u>Fondos Estocásticos</u> generados por los Big-Bang de otros Universos exteriores al nuestro.
Fuerzas Gravitatorias provenientes del exterior de Nuestro Universo (de otros Mundo-branas)
Radiación de Fondo de Microondas del Universo tratada con ciertos **filtros y algoritmos informáticos** que detecte colisiones de otras burbujas fuera de (o contra) Nuestro Universo.
Otras ondas generadas por **Campos de Fuerzas desconocidos** y que sólo prevalezcan en escalas muy elevadas (>10 e +30 metros), aunque su influencia pueda ser muy débil en nuestras escalas.
ESCALAS NEGATIVAS
Ondas Electromagnéticas de muy bajas <u>Longitudes de Onda</u> (<10 e -35 metros), aunque su alcance pueda ser muy corto y difícil de detectar.
Posibles Ondas generadas por los **Campos Débil y Fuerte.**
Otras ondas generadas por **Campos de Fuerzas desconocidos** y que prevalezcan en escalas muy bajas (<10 e -35 metros), aunque su influencia pueda ser muy débil en escalas superiores.

PARTE II

Esta segunda parte del libro incluye el segundo artículo (revisado y ampliado): *"Los Paisajes (Relatividad) escalares del Universo" (David Piñana, Octubre 2015).*

El objetivo de este segundo artículo era el de **contrastar las propuestas del primer artículo** (PARTE I) con los **últimos avances en cosmología** por otros físicos y cosmólogos de prestigio.

Para ello se presenta una visión general de las **últimas teorías cosmológicas**, así como las últimas novedades y las futuras líneas de estudio.

El lector podrá comprobar que **estas teorías "punteras" apoyan**, en gran medida, **la propuesta de escala (nD-Rainbow) del primer artículo**. Aunque de formas parciales y desde diferentes puntos de vista (Emergencia, Relatividad de Escala, Paisaje Cósmico, ...).

Además, en este segundo artículo, se **propone una visión diferente de ciertos conceptos, teorías y principios físicos** (Materia y Energía Oscura, Principio de Incertidumbre, ...), que se pueden explicar de otra forma, si nos basamos en la propuesta de la Relatividad Escalar del Universo.

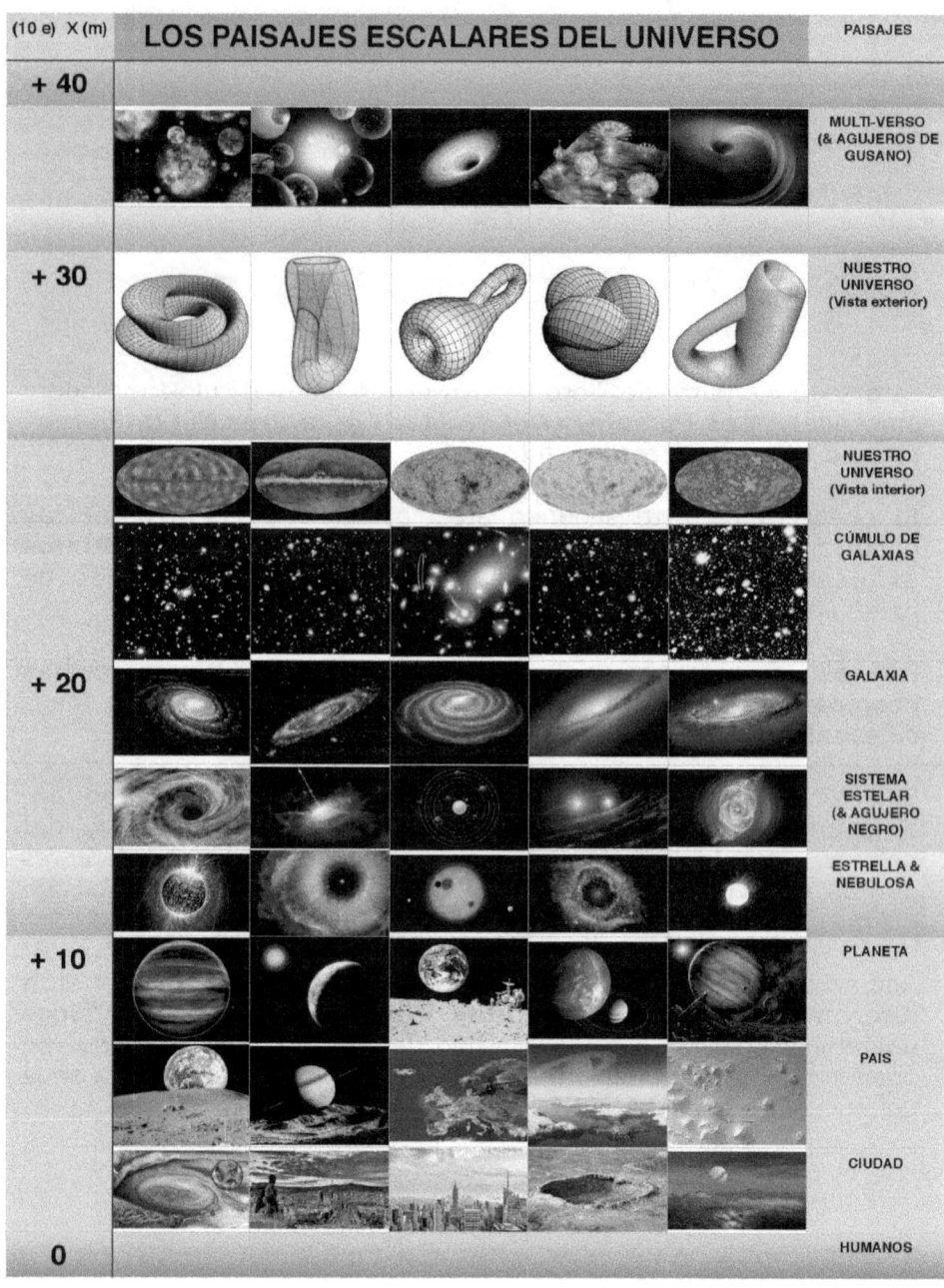

Fig.9: Paisajes Escalares Positivos

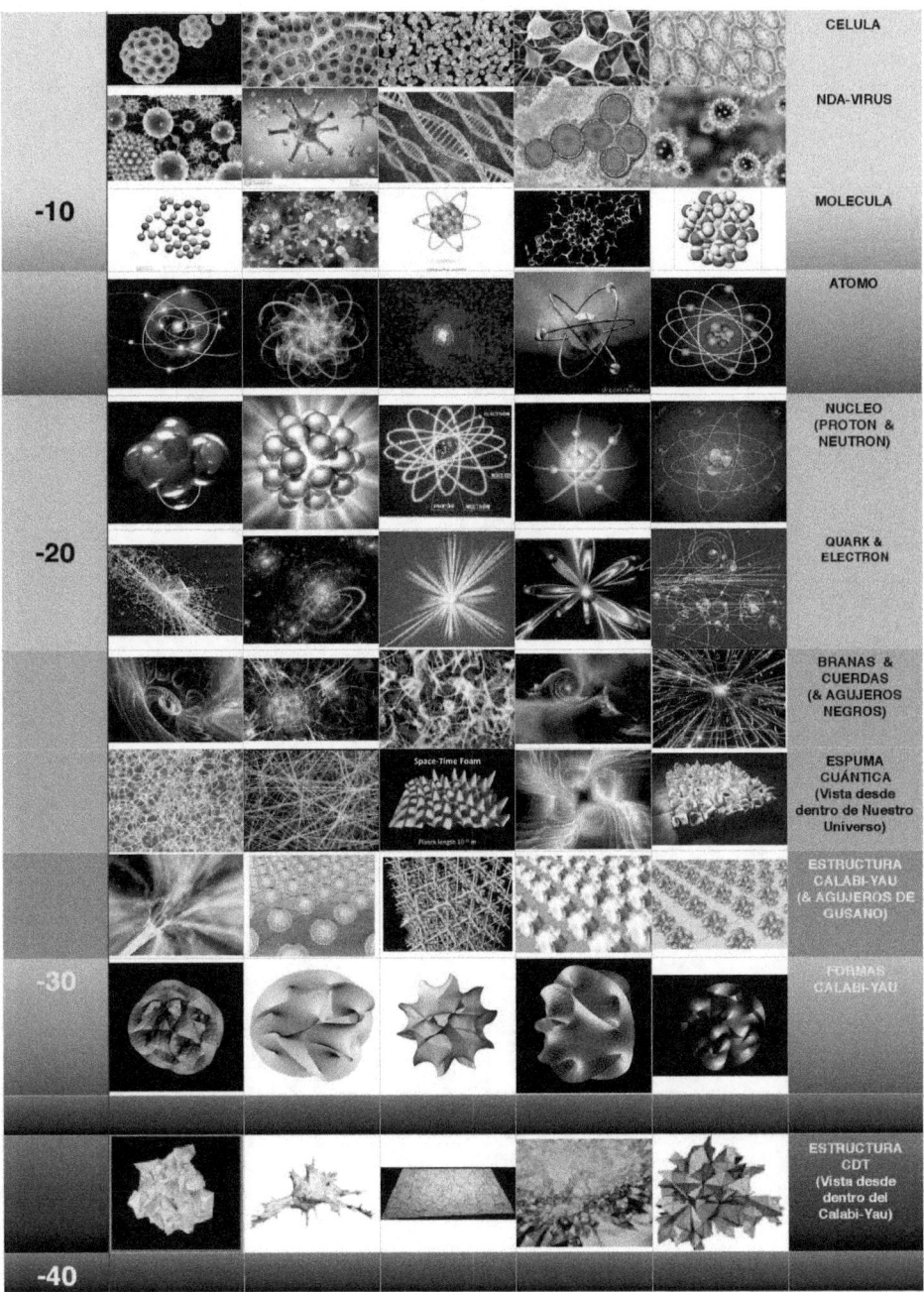

CELULA

NDA-VIRUS

MOLECULA

ATOMO

NUCLEO
(PROTON &
NEUTRON)

QUARK &
ELECTRON

BRANAS &
CUERDAS
(& AGUJEROS
NEGROS)

ESPUMA
CUÁNTICA
(Vista desde
dentro de Nuestro
Universo)

ESTRUCTURA
CALABI-YAU
(& AGUJEROS DE
GUSANO)

FORMAS
CALABI-YAU

ESTRUCTURA
CDT
(Vista desde
dentro del
Calabi-Yau)

-10

-20

-30

-40

Fig.10: Paisajes Escalares Negativos

55

4. LOS PAISAJES DEL UNIVERSO

El término **PAISAJE** ("LANDSCAPE", establecido por L.Susskind para describir el espectro escalar "superior" a Nuestro Universo: "Cosmic Landscape") se utilizará en el presente libro para nombrar **los diferentes niveles/espectros (paisajes) escalares del Universo** *(Ver Fig. 11)*

Así podemos definir diferentes paisajes que describen diferentes niveles de escala espacial con sus propios conceptos y leyes:

- **Paisaje Newtoniano.**
- **Paisaje Relativista.**
- **Paisaje Cuántico.**
- **Etcétera**

Y también podríamos pronosticar otros paisajes que describen otros espectros de escala espacial más alejados del nuestro:

- **Paisaje Cósmico**
- **Paisaje Planckiano**
- **Paisaje Supra-Cósmico.**
- **Paisaje Infra-Plankiano.**
- **Etcétera**

En el presente libro se tratarán con mayor detalle en los siguientes capítulos los **Paisajes Supra-relativista, Cósmico y de Planck**, mientras que ahora sólo realizaremos algunos comentarios sobre el resto ya que son más conocidos y ya hay mucha bibliografía que trata de ellos (**Paisajes Newtoniano, Relativista, Cuántico, Químico,…**). Los tres primeros, se resumen en el **ANEXO 6 (Teorías Mecánicas).**

El ser humano (y por lo tanto su cerebro y sus sentidos) ha evolucionado en el **Paisaje Newtoniano** y, como mucho, somos capaces de observar y comprender los eventos que ocurren en el rango entre 10 e -10 m a 10 e +10 m.

En este espectro (paisaje) de escala es **donde las teorías y leyes de Newton y Maxwell funcionan perfectamente** e, incluso sin conocerlas, los seres humanos han sido capaces de evolucionar a lo largo de miles de años.

Dentro de este espectro, y englobadas en las leyes de **Newton y Maxwell**, se incluyen otras materias que se desarrollan principalmente en las facultades de **Ingeniería**: Mecánica de Fluidos, Estructuras, Electrotecnia, Telecomunicaciones, Termodinámica, etc.

Y hacia las escalas menores nos encontramos con la **Biología** que trata los animales vivos: células, virus, ADN,...

Durante los últimos años (100-200 años), hemos ido ampliando nuestra gama de conocimientos en ambos sentidos: escalas positivas 10 e +20 m (**Paisaje Relativista**) y las escalas negativas 10 e-20 m (**Paisaje Químico**):

- El **Paisaje Químico** nos presenta la base de la composición de la materia en átomos y moléculas, y sus transformaciones y combinaciones. Y en las escalas mas pequeñas (< 10 e-15 m) la propia formación de los átomos a partir de sus componentes (protones, neutrones, electrones,...).

- El **Paisaje Relativista** (propio de la Teoría de la Relatividad de Einstein) describe las escalas grandes (> 10 e+10 m) en las que las **distancias y las masas son muy grandes** (y dada la limitación de la velocidad de la luz), hacen que se deba considerar la **Relatividad del Tiempo**.

Actualmente estamos ampliándo el espectro a escalas mayores y menores:

- **> 10 e +20 m:** Aprox. 10 e +25 m (**Paisaje Supra-relativista**) donde aparecen la Teoría MOND (y similares: TeVeS), y la Materia y Energía Oscura, que todavía no entendemos completamente.

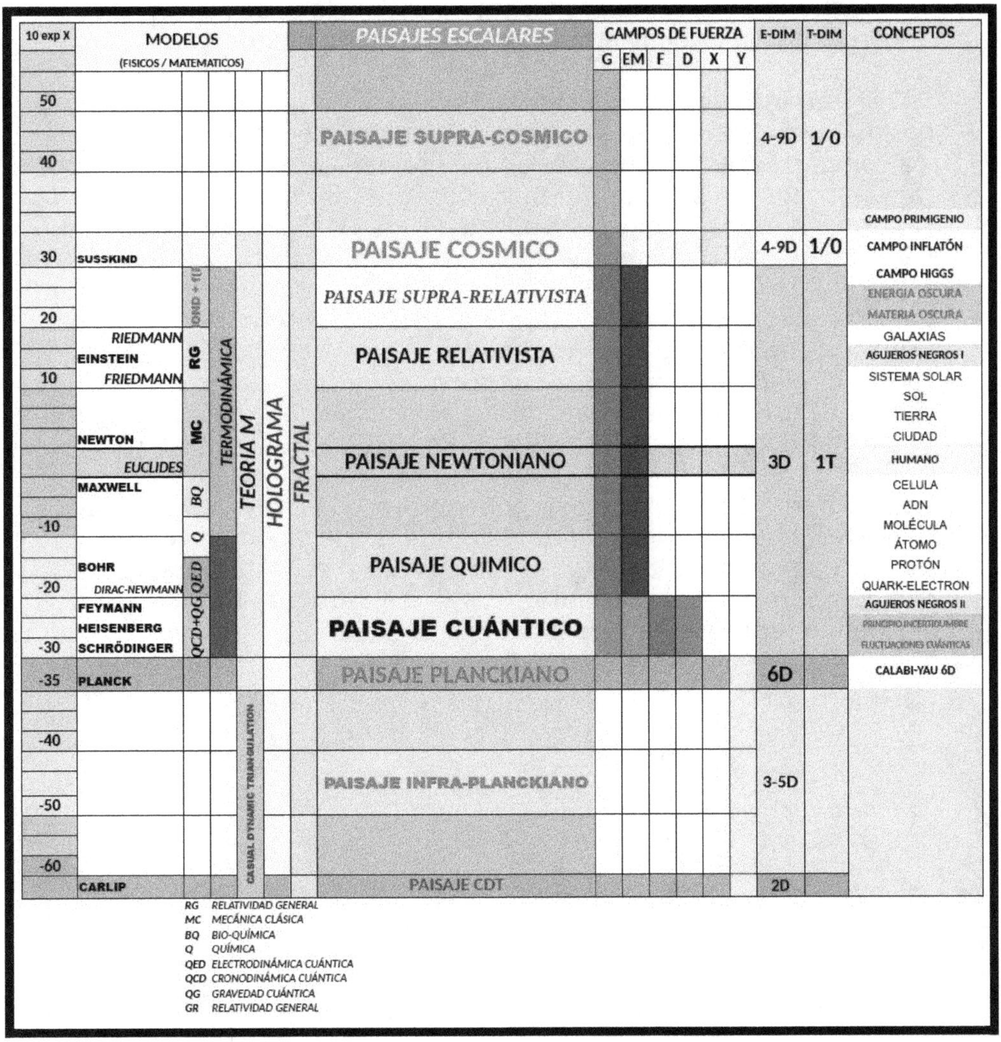

10 exp X	MODELOS		PAISAJES ESCALARES	CAMPOS DE FUERZA						E-DIM	T-DIM	CONCEPTOS
	(FISICOS / MATEMATICOS)			G	EM	F	D	X	Y			
50												
40			PAISAJE SUPRA-COSMICO							4-9D	1/0	
												CAMPO PRIMIGENIO
30	SUSSKIND		PAISAJE COSMICO							4-9D	1/0	CAMPO INFLATÓN
												CAMPO HIGGS
20			PAISAJE SUPRA-RELATIVISTA									ENERGÍA OSCURA
												MATERIA OSCURA
	RIEDMANN		PAISAJE RELATIVISTA									GALAXIAS
	EINSTEIN	RG										AGUJEROS NEGROS I
10	FRIEDMANN											SISTEMA SOLAR
												SOL
	NEWTON	MC										TIERRA
												CIUDAD
	EUCLIDES		PAISAJE NEWTONIANO							3D	1T	HUMANO
	MAXWELL	BQ										CELULA
-10		Q										ADN
												MOLÉCULA
	BOHR	QED										ÁTOMO
-20	DIRAC-NEWMANN		PAISAJE QUIMICO									PROTÓN
	FEYMANN	QCD+QG										QUARK-ELECTRON
	HEISENBERG		PAISAJE CUÁNTICO									AGUJEROS NEGROS II
-30	SCHRÖDINGER											PRINCIPIO INCERTIDUMBRE
												FLUCTUACIONES CUÁNTICAS
-35	PLANCK		PAISAJE PLANCKIANO							6D		CALABI-YAU 6D
-40												
-50			PAISAJE INFRA-PLANCKIANO							3-5D		
-60												
	CARLIP		PAISAJE CDT							2D		

Vertical labels: TERMODINÁMICA, TEORIA M, HOLOGRAMA, FRACTAL, CASUAL DYNAMIC TRIANGULATION, QCD+QG QED Q BQ MC RG, BOND + 1(...)

RG   RELATIVIDAD GENERAL
MC   MECÁNICA CLÁSICA
BQ   BIO-QUÍMICA
Q   QUÍMICA
QED ELECTRODINÁMICA CUÁNTICA
QCD CRONODINÁMICA CUÁNTICA
QG   GRAVEDAD CUÁNTICA
GR   RELATIVIDAD GENERAL

Fig.11: Los Paisajes del Universo

- **≤10 e-20 m:** Aprox. 10 e -25 m (**Paisaje Cuántico**) donde tenemos QM, QED, QCD y Teorías QG. Y también el Principio de Incertidumbre, y el concepto de Función de Onda de las partículas, que todavía no entendemos completamente.

En el **Paisaje Supra-relativista** (por encima de los 10 e+20 m) observamos que las Galaxias y los Cúmulos de Galaxias no siguen los comportamientos que cabrían esperarse si siguieran las Leyes de Newton o Relativistas, por lo que aparecen los conceptos de Materia Oscura o las leyes alternativas de MOND, MOG, TeVeS,etc , que veremos en los siguientes capítulos.

Por otra parte, el **Paisaje Cuántico** nos presenta el paisaje que se presenta dentro de las partículas elementales más pequeñas (protón, electrón, neutrón, neutrino,…) y de sus componentes (Quark, Boson,…), así como las fuerzas que los unen (Nucleares Fuerte y Débil).

Más allá de estos paisajes, podemos pronosticar otros paisajes escalares nuevos que apenas estamos empezando a descubrir, y donde sus nuevas leyes y conceptos aún se están tratando de comprender: **Paisaje Cósmico** y el **Paisaje de Planck**. En los siguientes capítulos hablaremos de ellos.

5. EL PAISAJE CÓSMICO

En su libro *El Paisaje Cósmico (2006)*, Leonard Susskind presenta el concepto **Paisaje Cósmico como un lugar (paisaje) más allá de Nuestro (conocido) Universo** a un nivel o escala dimensional superior (entre 10 e +27 a 10 e +40 m).

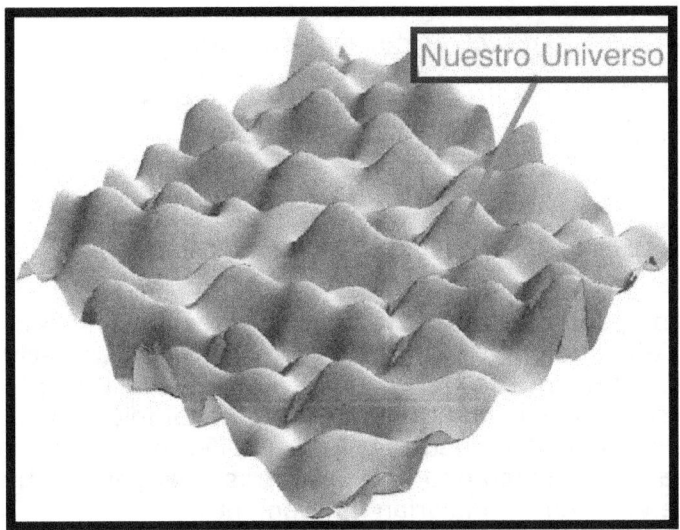

Fig.12: Paisaje Cósmico (representación 3D)

El Paisaje Cósmico sería un espectro escalar por encima de Nuestro Universo (En inglés **"Bulk"**= Bulto), donde, posiblemente, y de acuerdo con la teoría de cuerdas, **tendría una dimensión espacial superior (4D**-9D-25D?**), Y donde "flotarían" (coexistirían) otros universos** ("universos de bolsillo" o "Mundo-branas"), con otras dimensiones espaciales (N-dimensional), en diversas etapas de desarrollo (expansión, implosión, ...) y con diferentes constantes físicas (constante cosmológica, G, h, c, ...). Y donde nuestro universo sería sólo uno de entre los muchos universos posibles (hasta 10 e +500 universos posibles, de acuerdo con posibilidades matemáticas que ofrece la Teoría de Cuerdas).

Este Paisaje Cósmico (con las N-dimensiones espaciales) contendría un **"Campo Primordial"** (campo energético) **con diferentes valores en cada punto del espacio N-dimensional** (formando diferentes valles de energía, con diferentes *"espacio-fase"*), **dando una visión de los valles y las montañas** (N-dimensionales) que le dan el nombre de Paisaje. <u>Uno de estos valles sería Nuestro Universo</u>, donde **el valor del campo primordial sería nuestra Constante Cosmológica ($\Lambda = 10$ e -116 J)**.

No podemos asegurar si existe el Tiempo en el Paisaje Cósmico, y si éste **sería positivo, negativo o nulo.** Posiblemente éste también dependería (como en Nuestro Universo) de la la variación de la Entropía S ($\triangle$S), u otros nuevos conceptos emergentes.

Según <u>S.Hawking</u>, el **Big Bang de Nuestro Universo <u>emergió de la nada</u> mediante las Fluctuaciones Cuánticas del Vacío:** mediante la creación espontánea de partículas y campos antagónicos u opuestos que se anulan mutuamente (materia-antimateria, materia-gravedad, etc). **Estas partículas y campos prosperaron con la inflación, conservando la energía inicial (= cero?).**

S.Hawking propone a la **materia** como la **energía positiva**, y a la **gravedad** (o la energía gravitacional) como **energía negativa**, que **se contrarrestan mutuamente haciendo nula la Energía Total Universo** (como antes del Big-bang era). Esto también podría haber sucedido con las otras partículas y fuerzas diferentes a la Gravedad (EM, Nucleares,...) generando también otras energías positivas-negativas, que también se anularían mutuamente.

Por otra parte, la propuesta del <u>Paisaje Cósmico</u>, propone la alternativa de que el **Big Bang se produjo a partir de este campo de energía primordial**, ya existente en el Paisaje Cósmico. Y que **la energía de nuestro universo podría provenir de esta energía preliminar.** El Big Bang surgiría como una disminución del valor esta energía primordial, **formando un valle de energía y la creación de las condiciones para que surgiera una ráfaga de inflación transformando esta energía primordial** (energía "inflatón")

en la materia y la radiación. A partir de ahí podemos seguir el mismo razonamiento de la propuesta de Hawking, aunque **la energía inicial no sería necesariamente cero como propone Hawking.**

A parte de esta inflación generada a partir de la energía primordial del Paisaje Cósmico, también podríamos considerar que en Big-bang se pudiera producir una la **transformación de DIMENSIONES ESPACIALES**: se transformaría la nD del espacio primordial del Paisaje Cósmico, en nuestro espacio 3D (más los otros espacios 6D de tamaño muy pequeño: dimensiones KK = Kaluza-Klein).

> *El **Big-bang**, podría ser debido a una explosión inflacionaria (energética y dimensional) que generaría, a partir del Campo Primordial del "Bulk" (nD dimensional), el espacio 3D de Nuestro Universo con una energía (materia) intrínseca.*
>
> *Algunos científicos han propuesto que **Nuestro Universo (espacio 3D) podría ser como un "Agujero Blanco" dentro de un universo 4D espacial ("bulk").***

> *"Desde un punto de vista cosmológico, la entropía de nuestro universo es siempre positiva. Esto significa que hace mucho tiempo (en el Big Bang) Nuestro Universo debía tener muy baja entropía (cerca a un estado de perfecto orden). ¿Cómo algo tan ordenado pudo conducir a la expansión que formó Nuestro Universo, siendo éste cada vez más caótico? "*
>
> *("Antes del Big-bang", Martin Bojowald, 2009)*

ENERGÍA-MATERIA DE NUESTRO UNIVERSO

De acuerdo con el **Principio de Conservación de la Energía** (o Primera Ley de la Termodinámica), la cantidad total de energía de cualquier sistema físico aislado o cerrado (sin interacción con cualquier otro sistema externo) se mantiene sin cambios en el tiempo. Pero esa energía se puede transformar en otra forma de energía. En resumen, la Ley de Conservación de la Energía establece que la energía ni se crea ni se destruye, sólo se puede cambiar de una forma a otra.

Si este principio siempre fue válido (para cualquier momento de la vida del Universo y para todo el Universo creado después del Big Bang), implicaría que **la energía (+ materia) total de Nuestro Universo** (si fuera un sistema cerrado) **sería la misma ahora que en el principio de los tiempos, y el mismo que será al final de los tiempos.**

¿De dónde proviene la energía total de (Nuestro) Universo?

Como hemos visto anteriormente, <u>según Stephen Hawking</u>, **el Big Bang (y toda la energía y la materia de Nuestro Universo) comenzaron (de la Nada: energía = cero)**, y debido a las fluctuaciones cuánticas del vacío, y mediante la creación de energía positiva y negativa (es decir, la materia y la antimateria.). Así que ahora (y siempre) **<u>la energía total del Universo es (fue y será) cero.</u>** Por ejemplo, la masa y la energía gravitacional se anulan entre sí (al igual que las otras fuerzas y partículas del universo se podrían anular la una a la otra).

<u>Otra propuesta / opción</u> podría ser que **la energía fuera intrínseca al espacio, y que la energía se crea (aumenta) cuando se crea el espacio (cuando este se amplía o expande).** Pero esta propuesta viola el Principio de Conservación de la Energía (o Primera Ley de la Termodinámica). Esto significaría que la energía de nuestro universo aumentaría al mismo tiempo que el volumen del espacio de Nuestro Universo se está ampliando (expandiendo).

Para ambas propuestas/opciones, podemos afirmar que "tanto la **energía-materia conocida**, como **el espacio,** que vemos y detectamos en nuestro universo, **podrían ser considerados como conceptos emergentes surgidos de la nada después del Big-bang**".

Por otro lado, teniendo en cuenta la <u>propuesta del Paisaje Cósmico</u>, el **Big Bang de Nuestro Universo sólo sería un caso de los muchos que se producen en todo el Universo** (Paisaje Cósmico), y **la energía (materia) de Nuestro Universo podría provenir de una energía (previa) ya existente en el Paisaje Cósmico o "Bulk" (<u>Campo Primordial).</u>** En este Paisaje Cósmico existirían otros Universos (llamados de "bolsillo") que se crearían y se destruirían, como burbujas en un vaso de "refresco gaseado". En esta propuesta, el dilema de donde proviene la energía de Nuestro Universo desaparece, pero se eleva a un nivel superior: ¿De dónde proviene la energía-materia del Paisaje Cósmico (del Universo Global)?. Pero deberíamos tratar de resolver este segundo problema después, cuando comprendamos mejor Nuestro Universo y el Paisaje Cósmico.

Sería como el caso de unos presos dentro de una cueva que sólo podían saber lo que pasa afuera a través de las sombras producidas por la luz de un fuego exterior que se reflejaba a través de un pequeño orificio de la pared. Su visión sería solo la de unas sombras en 2D sobre la pared.

Si alguna vez pudieran salir de la cueva, la percepción y la comprensión del exterior mejorarían en gran medida, y si además pudieran ver el Sol, su percepción sería muy diferente, aunque siguieran sin entenderlo todo.

Hemos estado describiendo diferentes propuestas acerca de dónde proviene, o de cómo se creó la Energía-Materia (conocida) de Nuestro Universo, pero, además, observaciones recientes nos dicen que toda **la Energía-Materia que conocemos es sólo el 5%** de toda la Energía-Materia "calculada" de Nuestro Universo. El otro 95% es la **Energía Oscura** (70%) y la **Materia Oscura** (25%).

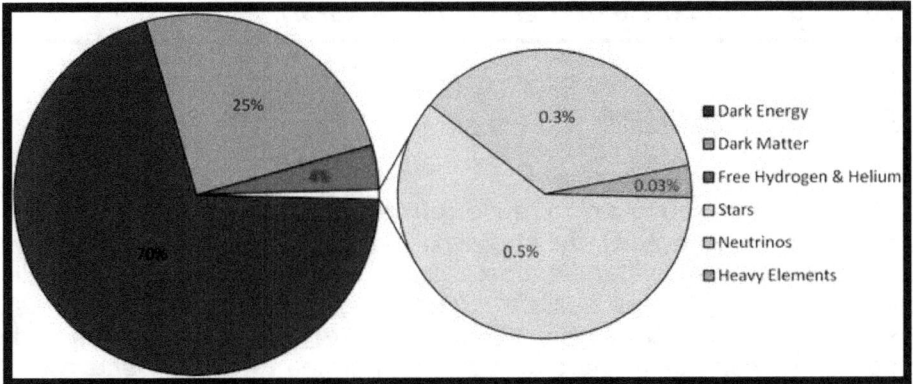

Fig.13: Materia-energía en Nuestro Universo

Esto nos puede dar una idea de lo poco que realmente sabemos sobre el Universo, y lo lejos que estamos de un modelo científico (físico-matemático) que lo describa y parametrice correctamente. Se suele decir que sólo conocemos el 5% del Universo, pero según la propuesta del ARCOÍRIS FRACTAL deberíamos decir que el **Universo se hace más desconocido a medida que nos alejamos de nuestra escala, tanto hacia lo grande como hacia lo pequeño.**

Podemos resumir las siguientes hipótesis sobre la energía de Nuestro Universo:

1.- Teniendo en cuenta Nuestro Universo como un **Sistema Cerrado**:

1.1.-La cantidad **total de energía en Nuestro Universo es exactamente cero**: la cantidad de energía positiva (ej: la materia) se anula por su energía negativa (ej: la gravedad).

1.2.-Si la energía fuera una propiedad intrínseca del espacio vacío (como hipótesis) **se crearía energía cuando al expandirse el espacio**.

2.-Teniendo en cuenta **Nuestro Universo como un Sistema Abierto**:

- La cantidad total de **energía de Nuestro Universo es el resultado de la energía que entra en él** (del Paisaje Cósmico, la gravedad que viene de fuera, ...), **y la energía que sale de él** (gravedad que sale, los agujeros negros y de "gusano", ...)

3.-De todas formas, ya sea el Universo un sistema abierto o cerrado: **El concepto de energía no está bien definido ni comprendido en la Teoría de la Relatividad (Relatividad General)**.

ENERGÍA OSCURA

La **Energía Oscura trata de explicar la aceleración de la expansión (isotrópica) de Nuestro Universo.** Si, como parece, el Universo se esta expandiendo de forma isotrópica y acelerada, ello implica que algo le está transmitiendo una energía para ello sea así, si no estaría estática y sin expandirse. Se desconoce qué es y de donde proviene esta energía, y se la denomina **Energía Oscura**.

La **Energía Oscura** actúa como una gravedad repulsiva que hace que toda la materia (aunque sólo se haya detectado para los astros de grandes escalas como las Galaxias) se distancie entre si.

Posiblemente (Opción 1) sea causada por algún tipo diferente de materia que desconocemos (antimateria?). La Materia conocida es atractiva, y la **Energía Oscura es repulsiva**: ejerce una presión negativa en todo el espacio.

Pero otra explicación (Opción 2) para la Energía Oscura pueda ser que sea, simplemente, el **"costo de tener el espacio"**. Es decir, el espacio (vacío) en sí tendría asociada una cantidad intrínseca de energía fundamental. Como veremos más adelante, el espacio vacío esta vacío de materia pero no esta del todo vacío (no es lo mismo el vacío que la nada).

La **Energía del Vacío** es una **energía básica y subyacente que existe en el espacio a través de todo el Universo (nD)**. Se cree que la Energía del Vacío pueda contribuir de alguna forma en la Constante Cosmológica, que afecta a la expansión de Nuestro Universo.

Los efectos de **la Energía del Vacío** pueden ser observados experimentalmente en varios fenómenos, tales como la emisión espontánea, el efecto Casimir y el efecto Lamb, y se cree que **pueda influir en el comportamiento del Universo en escalas cosmológicas** (escalas muy grandes como las de las galaxias).

ENERGÍA OSCURA = ENERGÍA DEL VACÍO   (?)

EL valor de la Energía Oscura es equivalente a la **Constante Cosmológica (Λ = 10 e-116 J)**.

ENERGÍA OSCURA = CONSTANTE COSMOLOGICA

Otra posibilidad (Opción 3) para explicar la **Energía Oscura podría ser** que la **expansión acelerada de Nuestro Universo** sea producida por la **generación espontánea de un nuevo espacio proveniente de fuera de Nuestro Universo: del Paisaje Cósmico o "Bulk"**. Esta opción estaría en consonancia con la teoría del Bigbang como uno más de entre todos los que se producen en el Paisaje Cósmico.

---

*Es muy posible que **el valor de la "Constante Cosmológica" haya variado (aumentado-disminuido) desde el Big-bang**, dependiendo de la tasa de velocidad (aceleración) de la expansión del universo.*

MATERIA OSCURA (Y OTRAS TEORÍAS)

La Materia Oscura es sólo un concepto físico que los científicos más convencionales proponen para explicar la velocidad de rotación de las galaxias que no siguen los modelos newtonianos y relativistas. La propuesta de la Materia Oscura pronostica otra "materia" que no podemos ver y sólo podemos detectar por este fenómeno de las galaxias. La Materia Oscura representa cuatro veces más materia que la materia conocida. Hasta la fecha hay muchas teorías acerca del origen de la Materia Oscura, pero **nadie ha podido probar o demostrar aún su existencia** (WIMPs, axiones, ...). El encontrar estas nuevas partículas es actualmente uno de los temas más importantes del estudio y la investigación (HLC-CERN, ADMX, DAMA, ...).

Según las Teorías de Newton y Einstein, los cuerpos que giran alrededor de otro, como los planetas alrededor del Sol, giran más lentos cuanto más se alejan entre sí. Venus gira más rápido alrededor del Sol que la Tierra, pero Urano lo hace más lento que la Tierra.
Pero esto no sucede así con las Galaxias donde todas las estrellas (estén más o menos alejadas del centro de giro) giran a la misma velocidad (como si fueran puntitos en un plato girando).
Para poder entender este fenómeno se propuso que debía haber más energía de la que vemos entre las estrellas de las Galaxias.

Pero otra forma (Alternativa 1) de resolver este problema (la rotación de las galaxias) es suponer que **las teorías de Newton y de la Relatividad General, no son válidas para las escalas de muy larga distancia** (> 10 e 20 m).

La Teoría MOND y su última versión **TeVeS, dan otras alternativas al mismo problema**, proponiendo que las leyes de Newton y Einstein (Relatividad General) podrían varíar con la escala espacial (tamaño/distancia). *Ver Anexo 1.*

*"En la física, "Dinámica Newtoniana Mdificada" (MOND) es una teoría que propone una modificación de las leyes de Newton para explicar las propiedades observadas de las galaxias. Creada en 1983 por el físico israelí Mordehai Milgrom, la motivación original de la teoría era el poder **explicar el hecho que se observó de que las velocidades (de rotación) de las estrellas (en las galaxias) eran mayores de lo esperado, sobre lo que predice la Mecánica New-***

toniana. *Milgrom señaló que esta discrepancia podría ser resuelta si la fuerza gravitatoria experimentada por una estrella en las regiones exteriores de una galaxia era proporcional al cuadrado de su aceleración centrípeta (en oposición a la propia aceleración centrípeta, propuesta por la segunda ley de Newton), o, alternativamente, si la fuerza gravitatoria variaba inversamente con el radio (en contraposición a la inversa del cuadrado del radio, de la ley de Newton de la gravedad). En MOND, la violación de las leyes de Newton se produce a muy pequeñas aceleraciones. Característica de galaxias con aceleraciones muy por debajo de lo normalmente encontrado en el Sistema Solar o en la Tierra ".*

"Mientras que la gravedad **Tensor-vector-escalar (TeVeS)**, *desarrollada por Jacob Bekenstein en 2004, es una generalización relativista de la Dinámica Newtoniana Modificada (MOND), paradigma de Mordehai Milgrom".* Y esta teoría explica mejor lo que sucede a escalas superiores a las Galaxias (los Cúmulos de Galaxias), donde las teorías de Newton, Einstein y también de MOND no permiten explicar.

Deberíamos ver si las leyes de Newton-Einstein sufren variaciones (cambios) en función de la escala espacial de referencia:

- **Ley de Newton (y Einstein)** *parece funcionar perfectamente para explicar los fenómenos dinámicos en* **escalas de hasta el tamaño del Sistema Solar (max. 10 e +15 m).**

- *Desde esta distancia deberíamos considerar la* **Ley MOND**, *que debería explicar los fenómenos dinámicos entre las escalas de* **10 e +15 hasta la escala de 10 e +20 m (galaxias).** *Y en concreto la rotación de las estrellas a partir de cierta distancia al centro de la galaxia.*

- *En el caso de estar* **por encima de ésta escala (10 +20 m), hasta los confines de nuestro universo (10 +27 m),** *otras leyes dinámicas (* **TeVeS ....***) podrían describir mejor los fenómenos de los cúmulos.*

- *Y* **por encima de estas escalas (> 10 e 30 m) aparecerán** *otras* **nuevas leyes emergentes** *para explicar nuevos fenómenos emergentes que no podemos prever por ahora.*

Las leyes físicas de la dinámica (y la Gravitación Universal) han variado con el tiempo, e incluso Einstein ya había propuesto que todavía tenían que evolucionar:

ARISTÓTELES: $F = m.v$
NEWTON: $F = m.a$
EINSTEIN. $E = m.c2$ (*)
MOND: $F = m.a. (A / A0)$
Arcoíris Fractal: F = f (escala) = m.a. (factor de escala)

(*) Esta ecuación no corresponde al mismo concepto dinámico pero presenta muchas similitudes.

Otra propuesta (Alternativa 2) para explicar los fenómenos de estas escalas tan grandes podría ser la **fractalidad del espacio-tiempo**:

"La aplicación de la **relatividad fractal del espacio-tiempo** no diferenciable, de Laurent Nottale, que en su teoría de la **Relatividad de Escala**, sugiere una posible pérdida de energía debida a la fractalidad del espacio, y **da cuenta de la falta de masa-energía observada a escalas cosmológicas**".

Esta pérdida de masa-energía podría hacer que **disminuya G** (Constante Gravitatoria) a escalas cosmológicas. La gravedad se podría perder a través del espacio-tiempo fractal y hacer que a grandes distancias la Fuerza de atracción gravitatoria se debilitase **(ver Anexo 1 y 5)**.

Otra explicación (Alternativa 3) **a la Materia Oscura** (de la que desconozco si existe alguna nueva teoría actualmente que la considere), podría ser que **para estas escalas tan grandes emergieran otras fuerzas o interacciones (Y) debidas a la acumulación de estrellas y/o galaxias** que generaran efectos o comportamientos no previstos. De la misma forma que surge la fuerza de la Gravedad al agruparse muchos átomos y moléculas formando grandes cuerpos masivos (asteroides, planetas,...).

Otra alternativa a la Materia Oscura podría ser la emergencia de nuevas fuerzas (interacciones) desconocidas actualmente.

6. EL PAISAJE DE PLANCK

De acuerdo con el **Principio de Incertidumbre** (ver definición más adelante) , el valor de un campo y su tasa de cambio temporal (ondas) desempeñan el mismo papel que la posición y velocidad de una partícula. Y una consecuencia importante de ello es que **no existe el vacío**. Dado que el espacio vacío significaría que el valor de un campo es exactamente igual a cero y la velocidad de cambio del campo es cero (si no fuera así, el espacio no sería vacío). Entonces, **como el principio de incertidumbre no permite valores exactos, tiene ambos (campo y velocidad de cambio) a la vez, y el espacio nunca está vacío**. Existe un **estado de mínima energía, llamada "energía del vacío"** que está sujeta a lo que se llaman las fluctuaciones cuánticas del vacío, que consisten en partículas y campos que aparecen y desaparecen de la existencia. Como partículas virtuales, no pueden ser observadas por los detectores de partículas, pero pueden serlo por métodos indirectos (cambios de energía en órbitas de electrones).

> *La longitud de Planck está relacionada con la energía de Planck por el principio de incertidumbre.*

La naturaleza de la realidad en la escala de Planck es objeto de mucho debate en el mundo de la física, ya que se refiere a una sorprendentemente amplia gama de temas. Puede, de hecho, ser un aspecto fundamental del universo. **En términos de tamaño, la escala de Planck es extremadamente pequeña** (muchos órdenes de magnitud más pequeña que un protón). **En términos de energía, es muy "caliente" y lleno de energía**. La longitud de onda de un fotón (y por lo tanto su tamaño) disminuye a medida que su frecuencia o energía aumenta. **El límite fundamental para la energía de un fotón es la energía de Planck**. Esto hace de la escala de Planck un reino fascinante para la especulación por los físicos teóricos de diferentes escuelas de pensamiento. ¿Es el dominio de la escala de Planck una zona hirviente de agujeros negros virtuales? ¿Es un tejido de lazos inimaginablemente finos, o una espuma de partículas giratorias en red? ¿Tal vez en este nivel fundamental todo lo que queda del espacio-tiempo siga un orden causal? ¿Puede estar conformada por innumerables variedades de Calabi-Yau, que conectan nuestro universo de 3 dimensiones con un espacio de dimensiones superiores? **Quizás nuestro universo 3-D esté 'sustentado' en unas 'branas' que lo separan de un universo 6-dimensional y esto explicaría la aparente "debilidad" de la gravedad en nuestra brana (las dimensiones KK)**. Estos enfoques, entre varios otros, están siendo considerados para comprender mejor la dinámica de la escala de Planck. Desentrañar este misterio también podría permitir a los físicos el crear una descripción unificada de todas las fuerzas fundamentales.

EL ESPACIO (Y EL VACÍO)

Convencionalmente entendemos por espacio vacío aquel espacio (volumen) que no tiene materia (átomos, moléculas,...).

Tanto desde el punto de vista Newtoniano (el espacio es absoluto con coordenadas fijas), como del Relativista (el espacio es curvo), el espacio está relleno de materia (en forma de gas, líquido o sólido) y/o de energía (ondas,...). Cuando le sacamos toda la materia queda el vacío. Pero **el vacío no es la nada.**

No es lo mismo el "vacío" que la "nada"

El vacío "clásico" como tal no existe. Se habla del **vacío "cuántico"**, que no está en realidad vacío sino lleno de partículas, antipartículas y fotones (energía) en constante oscilación. Los fotones crean pares partícula-antipartícula, que se aniquilan mutuamente generando fotones, y así en un ciclo sin principio ni fin (**"espuma cuántica"**).

Como se puede leer en el resumen del artículo de Frank Wilczek, **el vacío esta formado de "algo", el vacío es como una sustancia formada por elementos extremadamente pequeños que desconocemos.** O sea, el espacio que hay entre un electrón y un protón en un átomo, espacio vacío porque no hay materia, en realidad tiene vida por sí mismo y esta formado de "algo", no es verdad que no haya nada. Y como hemos vistos tiene energía: **la energía de vacío**.

En el artículo ***"What's space"*** de Frank Wilczek (***Mit physics annual*** 2009), podemos leer:

"El espacio es efervescente, sustancial, "pesado", y elástico. Cada una de estas propiedades equivale a fenómenos observables específicos; no son metáforas caprichosas. ***El espacio tiene una vida propia, y existe independientemente de cualquier asunto que pudiera ocuparlo.*** *De hecho, en nuestras ecuaciones fundamentales,* ***las partículas de los componentes básicos de la materia se describen como alteraciones en la actividad*** *de los campos que llenan el espacio, o en otras palabras* ***del espacio mismo***.

La física cuántica moderna aporta ideas de un orden diferente. La realidad cuántica actual se mueve en espacios cuyo significado, tamaño y estructura trasciende a las ideas clásicas sobre el espacio físico. Para ponerse en sintonía con la naturaleza, ***tenemos que ampliar enormemente nuestro universo conceptual.***

La estructura del espacio *se codifica en el campo métrico y ,como tal,* ***está sujeta a las leyes de la mecánica cuántica.*** *En particular,* ***está siempre hirviendo con fluctuaciones espontáneas.*** *Cuando calculamos estas fluctuaciones nos encontramos con que éstas crecen (inversamente proporcional) para distancias escalares menores. Eventualmente, para escalas inferiores a unos 10 e-35 m., los tamaños calculadas de las fluctuaciones son más grandes que la dimensión propia de esta escala.* ***Por debajo de esta llamada "longitud de Planck" nuestros métodos habituales de cálculo se descomponen.*** *De hecho, todo el mismo concepto de distancia viene a ser extraño: 10 e-35 m. es una distancia muy pequeña, mucho más allá del acceso práctico. Sin embargo, este tema es de interés fundamental, no sólo en sí mismo, sino también para la cosmología. De hecho, nuestras ecuaciones se descomponen en la descripción de intervalos de tiempo muy cortos (10 e-44 seg.), por razones similares.* ***Por lo tanto no somos capaces de describir los primeros momentos del Big Bang.*** *Y preguntas sobre el origen último del Universo permanecen en el aire ".*

Según la Teoría de Cuerdas-Branas lo que conocemos por **vacio podría estar formado de una malla (espuma cuántica) de micro espacios (branas) de formas Calabi-Tau de 6 dimensiones** que formarían las partículas más pequeñas de Nuestro Universo. Se desconoce a que escalas aparecerían estas 6D-branas, pero estarían muy cerca de la dimensión de Planck.

Para nuestros métodos habituales de cálculo (teorías convencionales) la dimensión de Planck parece ser la dimensión más pequeña que podemos considerar. Pero eso no quiere decir que no pueden existir (dentro del Volumen de Planck) cosas más pequeñas (objetos, conceptos, efectos, ...). Esto sólo significa que **nuestras teorías actuales** no son lo suficientemente buenas, y que **tienen que ser ampliadas a otras teorías que puedan entender y parametrizar todo lo que sucede en el interior del volumen de Planck** (por debajo de la Escala de Planck).

Si tenemos en cuenta los Calabi-Yau 6D-branas que, según la teoría de Branas-Cuerdas, puedan existir cerca de la Escala de Planck, **podríamos considerar estos 6D-branas como otros micro-universos** (similares a nuestro universo 3D) **con espacio de 6D, conteniendo otros conceptos emergentes** (objetos, efectos, interacciones, ...) **y otras leyes**. Las fluctuaciones cuánticas podrían ser sólo efectos procedentes de estos 6D Calabi-Yau universos / mundos.

Fig.15: Forma Calabi-Yau de 6D

Para investigar lo que sucede más allá del tamaño de Planck necesitamos energías muy altas (por encima de la energía de Planck), y de acuerdo a nuestras teorías actuales (QM y GR), esto podría crear agujeros negros. Y si aumentamos esta energía, podríamos aumentar el tamaño de estos agujeros negros. Lo que lo hace imposible de realizar por ahora.

> **Ed Witten:** *"El espacio y el tiempo pueden tener sus días contados"*
> **Nathan Seiberg:** *"Estoy bastante seguro de que el espacio y el tiempo son sólo ilusiones"*
> **Nathan Seiberg:** *"El espacio y el tiempo es probable que sean nociones emergentes, no están presentes en la formulación fundamental de la teoría, pero aparecen como conceptos macroscópicos aproximados." Emergent Spacetime, 2006 (http://arxiv.org/find/hep-th/1/au:+Seiberg_N/0/1/0/all/0/1).*
> **David Gross:** *"Lo más probable, es que el espacio y el tiempo tengan componentes (Elementales / fundamentales), y que pueden ser sólo las propiedades emergentes las que surgen en una teoría con un aspecto muy diferente."*

Llegar a un entendimiento más profundo de la naturaleza fundamental del espacio y el tiempo, es uno de los retos más grandes e interesantes de los físicos para los próximos años.

> *"La incompatibilidad entre GR y QM sólo puede resolverse si rechazamos la idea de que el espacio es un concepto fundamental, y aceptamos que ese espacio surge de la expansión del Universo mismo, y que **el espacio es un concepto emergente**" (Lee Smolin).*

Una consideración sobre el espacio (el espacio vacío) podría ser que, ya que no parece estar tan vacío como creíamos, y que el espacio tiene vida o consistencia por sí mismo, entonces, ¿ **podríamos considerar al espacio "vacío" como el famoso "éter" del siglo XIX ?.**

Sabemos que **las ondas gravitacionales son ondulaciones en la curvatura del espacio-tiempo** que se propagan en forma de ondas, viajando alejándose de la fuente de origen.

¿Podrían las ondas EM propagarse también a través de este medio (la "sustancia" del espacio vacío)?

Lo que sí parece posible es que **el espacio "vacío" podría ser simplemente** algún tipo de **"sustancia" desconocida**, constituida por componentes mucho más pequeños de los conocidos actualmente (de una escala mucho menor), que aún deberíamos determinar y descubrir. **Esto es lo que podría dar al espacio ("vacio") una estructura fractal (y jerárquica).**

TRIANGULACIÓN DINÁMICA CAUSAL (CDT)

Cerca de la escala de Planck, la estructura del espacio-tiempo en sí se supone que está en constante cambio debido a las fluctuaciones cuánticas. La **Teoría CDT** utiliza un **proceso de triangulación que** varía dinámicamente y sigue reglas deterministas, estableciendo cómo este proceso **puede generar espacios dimensionales similares a la de Nuestro Universo.**

La **Triangulación Dinámica Causal** (abreviado como CDT, en inglés: Casual Dinamical Triangulation) fué inventado por Renate Loll, Jan Ambjorn y Jerzy Jurkiewicz, y popularizada por Fotini Markopoulou y Lee Smolin, y **es una aproximación a la gravedad cuántica que**, al igual que la <u>gravedad cuántica de bucles</u>, **es de fondo independiente**. Esto significa que no se compromete con ningún escenario preexistente (espacio dimensional), sino que intenta mostrar cómo se genera el mismo tejido del espacio-tiempo y como evoluciona. A gran escala recrea el espacio-tiempo de 4 dimensiones que nos es familiar, pero muestra un **espacio-tiempo como 2D, cerca de la escala de Planck**, y revela una estructura fractal en rebanadas de tiempo constante. Estos resultados interesantes **están de acuerdo con** los hallazgos de Lauscher y Reuter, que utilizan un enfoque llamado **"Quantum Einstein Gravity"**, y con otros trabajos teóricos recientes.

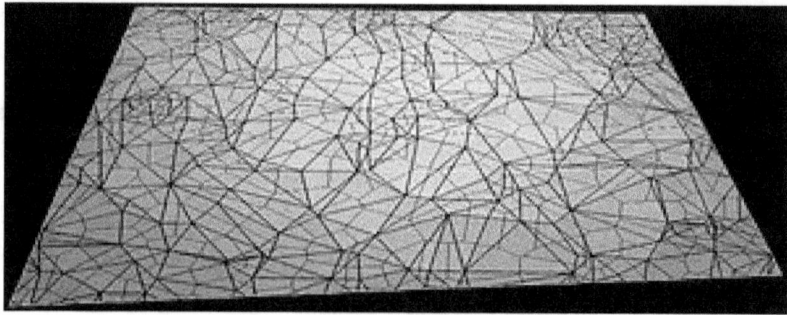

Fig.14: Textura CDT del Paisaje de Planck

76

*"Es un hecho ampliamente aceptado que, a escalas muy pequeñas, **el espacio no es estático** sino que está dinámicamente variando. Cerca de la escala de Planck, **la estructura del espacio-tiempo en sí está en constante cambio, debido a las fluctuaciones cuánticas.** Esta teoría utiliza un proceso de triangulación (2D) que es dinámicamente variable y que sigue unas reglas deterministas, siendo dinámica para convertirse en espacios de dimensión similar a la de nuestro universo (3D). Los resultados de **los investigadores sugieren que esta es una buena manera de modelar el universo temprano, y describir su evolución.** El uso de una estructura llamada <u>simplex</u>, divide el espacio-tiempo en secciones triangulares pequeñas. Un simplex es la forma generalizada de un triángulo, en varias dimensiones. Un **3-simplex** generalmente se llama un <u>tetraedro</u>, y el **4-simplex**, que es el bloque de construcción básico en esta teoría, también se conoce como el <u>pentatope</u>, o <u>pentachoron</u>. Cada simplex es geométricamente plano, pero **varios simplexes pueden "pegarse" juntos en una variedad de maneras de crear espacio-tiempos curvos.** Cuando los intentos anteriores de triangulación de espacios cuánticos han producido universos desordenados con demasiadas dimensiones o universos mínimos con muy pocas, **CDT evita este problema al permitir sólo aquellas configuraciones en las que la causa precede a cualquier evento.** En otras palabras, las líneas de tiempo de todos lo bordes de simplexes deben coincidir ".*

Texto extraído de: http://everything.explained.today/Causal_dynamical_triangulation/

RELACIÓN DE ESCALAS (ENERGÍA & TAMAÑO)

Cada escala espacial (tamaño) tiene asociada una escala de energía (o masa), *("Universos Ocultos:. Un viaje a las dimensiones extras del Cosmos" ,Lisa Randall, 2005).*

Y su relación se puede describir como:

ENERGÍA (función de onda-partícula) (GeV) = K. [1 / longitud de onda (Distancia, m)] 10 e +15

A partir del principio de incertidumbre (y también de los principios de Einstein y De Broglie), podemos decir que **las diferentes escalas espaciales** (tamaños o longitudes de la función onda de partículas), **están inversamente relacionados con la energía de las ondas** (interacciones) **o la masa de partículas** (en física cuántica generalmente se miden las masas de las partículas en unidades de energía : GeV).

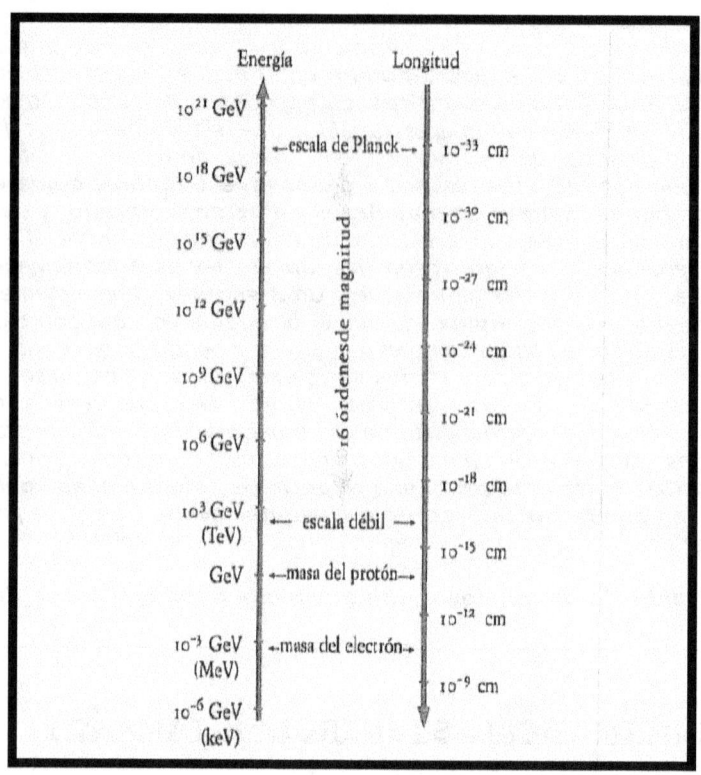

Fig.16: Relación entre las escalas de Energía y Longitud.
("Universos Ocultos", Lisa Randall, 2005).

La dualidad onda-partícula: *Cualquier onda tiene asociada una partícula (Einstein: onda **EM -> fotón**) y cualquier partícula tiene asociada una onda (de Broglie: **partículas -> función de onda**)*

Einstein: *E = h.v, donde **v** es la longitud de onda y **h** la constante de Planck . E es la energía de la partícula EM (fotones). A mayor **v** mayor **E**.*

De Broglie: *λ= h/mv, donde λ = longitud de onda de una partícula; **mv** = impulso (= Energía)*

*Como λ = 1 / v entonces podemos decir: **E = m v***

Escalas de energía en Física *(Fuente: Universidad de Princeton)*

*"**Las escalas de energía disminuyen al aumentar las escalas de longitud**: esto es debido a la relación de la mecánica cuántica $\ell = hc/E$ entre una escala de longitud ℓ y una escala de energía E. Aquí h es la constante de Planck y c es la velocidad de la luz. Un valor aproximado útil es **hc = 200 MeVfm**. Una traducción intuitiva de la fórmula .$\ell = hc/E$ es que una **partícula con energía en reposo E no puede ser confinada a una región del espacio cuyo diámetro es significativamente menor que** ℓ. Si lo intentas, entonces hay bastante incertidumbre en la energía y el impulso para crear pares partícula/anti-partícula que tienden a huir de la región espacial a la que usted está tratando de limitar la partícula original.*

Esta es de las pocas relaciones existentes que esta asociada a la escala y por esto he considerado interesante incluirla en el libro.

Esta relación entre escala dimensional y energía básicamente **nos viene a decir dos cosas:**

- A medida que la **longitud de onda de una onda electromagnética disminuye, aumenta la energía de la onda**, llegando a una dimensión mínima (la Dimensión de Planck) en la que la energía de la onda es la máxima admitida por nuestras leyes (la Energía de Planck), aunque ésta no es infinita.
- **Para conocer que sucede a escalas muy pequeños** es necesario utilizar colisionadores (CERN-LHC) con **energías de colisión cada vez más altas.**

Es común en Física Cuántica (de partículas) expresar la masa en unidades de energía (eV / c²):

- **Masa del Protón**: 1,78. 10 e-27 Kg = **1 GeV / c²**

Debido a la relación de Einstein: **E = m·c²**.

TEORÍA DSR (ESCALA DE ALTA ENERGÍA)

De la misma manera que las teorías de MOND (véase el capítulo 5) proponen alternativas a las leyes de Newton y Relatividad (General y Especial) para muy altas escalas espaciales (> 10 e +20 m), también hay otras teorías (dentro de la Gravedad Cuántica) proponiendo alternativas para muy pequeñas escalas espaciales (o muy alta energía).

Por ejemplo, el **DSR** (= Relatividad Especial Doble o Deformada, del inglés *"Doubly or Deformed SR"*), teoría que **propone que la Relatividad Especial no es válida para Altas Energías** (escala de Planck), y se pronostica que <u>la velocidad de la luz podría aumentar hasta el infinito a la Energía de Planck</u>: **c = f (Escala).**

DSR es una **teoría modificada de la Relatividad Especial** en la que, no sólo hay una velocidad máxima independiente del observador (la <u>velocidad de la luz</u>), sino que también hay una **escala de energía máxima y una escala de longitud mínima independientes del observador** (<u>la energía y la longitud de Planck</u>).

<u>SR se basa en dos principios:</u> (1) la relatividad del movimiento, y (2) la invariancia y la universalidad de la velocidad de la luz.

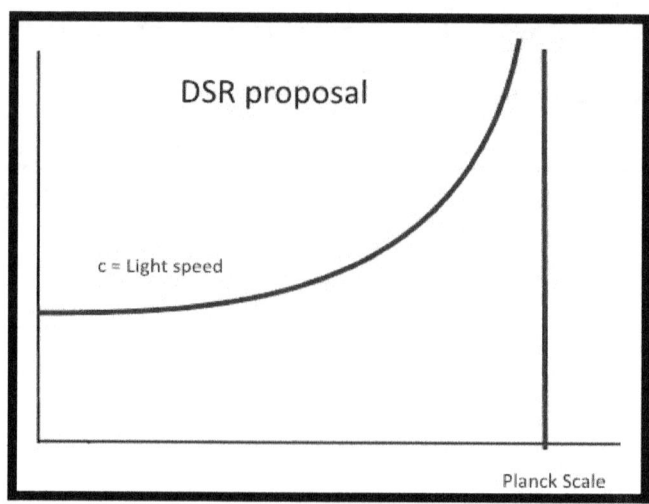

Fig.17: DSR Diagrama [c = F (Escala)]

DSR I asume que **la dimensión de Planck es el objeto más pequeño que se puede ver**, y su dimensión es la misma para todos los observadores (tanto si están en reposo o en movimiento), como lo es para la velocidad de la luz. **Ambas serían dos variables universales (velocidad de la luz y la longitud de Planck).**

DSR I también asume que **la energía de Planck es la máxima energía que una partícula elemental puede tener.** Actualmente la máxima energía detectada es de <u>10 e-9 veces</u> este máximo de energía de Planck (por el detector de rayos cósmicos AGASA).

Además **DSR II** supone que **a muy altas energías la velocidad de la luz aumenta hasta el infinito en la energía de Planck.**

PRINCIPIO DE INCERTIDUMBRE

Stephen Hawking dice que la mecánica cuántica es determinista en sí misma, y que es posible que la indeterminación aparente se deba, en realidad, a que **no hay posiciones y velocidades de partículas, sino sólo ondas.**

Así que para Stephen Hawking, *"el principio de incertidumbre es sólo aparente, pero no real"*. Puede haber otra forma de ver el Universo, en otra escala, donde los conceptos y las leyes sean diferentes.

---

*En mecánica cuántica, la **relación de indeterminación de Heisenberg** o **principio de incertidumbre** establece la imposibilidad de que se puede determinar, en términos de la física cuántica, simultáneamente y con precisión arbitraria, ciertos pares de variables físicas, como son, la posición y el momento lineal (cantidad de movimiento) de un objeto dado. En otras palabras, **cuanta mayor certeza se busca en determinar la posición de una partícula, menos se conoce su cantidad de movimientos lineales y, por tanto, su masa y velocidad**. Este principio fue enunciado por Werner Heisenberg en 1925.*

Las medidas del objeto observable sufrirán desviación estándar Δx de la posición y el momento Δp. Verifican entonces el principio de indeterminación que se expresa matemáticamente como:

$$\Delta x \cdot \Delta p \geq \frac{\hbar}{2}$$

*Donde la **h** es la constante de Planck (para simplificar, $\frac{h}{2\pi}$ suele escribirse como $\hbar$)*

El **Principio de Incertidumbre** ha sido siempre un concepto extraño e ininteligible. Y **podría ser un problema de los instrumentos de medida**, porque tratamos de medir (ubicación y cantidad de movimiento) con instrumentos inadecuados (mayores de lo necesario). **No es apropiado utilizar las ondas electromagnéticas (fotones) para medir la posición y velocidad de un electrón.**

Seguramente, **si pudiéramos ver el principio de incertidumbre desde su propia escala cuántica,** podríamos darnos cuenta que podemos determinar la velocidad y la posición de una partícula (electrones) al mismo tiempo. Pero deberíamos detectarlos por otros medios, y no con los que ahora conocemos (fotones). ¿Podríamos utilizar las aún desconocidas **"ondas" de las interacciones nucleares** (fuerte y débil)? O ¿podríamos utilizar **otras fuentes de ondas desconocidas**?. Esto, siempre y cuando, *tengan algún sentido los conceptos posición y velocidad de una "partícula" para estas escalas.*

"Como es bien conocido, las ondas electromagnéticas (ondas EM) son causadas por la interacción electromagnética, y las ondas gravitatorias (ondas G) son causadas por la gravedad; **podríamos proponer que las ondas de la interacción fuerte (onda S) sean causadas por la interacción fuerte, y que las ondas de interacción débil (onda W) sean causadas por la interacción débil.** *". Del artículo* **"Quince tipos de ondas causadas por cuatro fuerzas fundamentales", Fu Yuhua, Fu Anjie, Zhao Ge** *(Federación de Investigación de la Teoría de la Relatividad de Pekín).*

¿Qué pasaría con el Principio de Incertidumbre de Heisenberg (HUP) si esa propuesta/afirmación fuera verdadera?

La actual corriente principal científica considera que el principio de incertidumbre no es sólo una limitación de medición, sino también algo más fundamental que eso: simplemente **no importa cómo tomemos las mediciones, nunca podremos mejorar sus límites de precisión.**

Pero también deberíamos de considerar la opción de que el **principio de incertidumbre podría ser simplemente un problema de intentar tratar de comprender los fenómenos propios de otros espectros escalares, con los parámetros y modelos de nuestra propia escala de referencia.**

La incertidumbre de Heisenberg (HUP) propone:

HUP => Precisión Posición x Precisión Momento> h / 4π

Pero, posiblemente, si pudiéramos utilizar otros instrumentos de medición: mediante ondas débiles, entonces podríamos proponer:

Ondas débiles UP => Precisión Posición x Precisión Momento < h / 4π

Y, posiblemente, si pudiéramos usar otros instrumentos de medición: el uso de otras fuentes no basados en ondas, entonces podríamos proponer:

No ondas UP => Precisión Posición x Precisión Momento => 0

Si aceptamos que, en una escala cuántica, todo se comporta como ondas, y que lo que para nosotros es una partícula (materia) no es más que un tipo de onda determinada (tal como se establece en la Teoría de Cuerdas), entonces **los conceptos tales como posición y velocidad (momento) puede que no tengan el mismo significado que tienen para nuestra propia escala**. Simplemente nosotros estamos intentando entender fenómenos de otra escala espacial, con conceptos (emergentes) propios de nuestra escala espacial.

Violación de la Relación Medición-Precisión de Heisenberg mediante Mediciones Débiles (Lee A. Rozema, Ardavan Darabi, Dylan H. Mahler, Alex Hayat, Yasaman Soudagar y Aephraim M. Steinberg Phys Rev. Lett 109, 100 404 - Publicado 6 de septiembre de 2012.; Errata Phys Rev. Lett 109, 189 902 (2012):

"Existe una relación rigurosamente probada sobre las incertidumbres inherentes a cualquier sistema cuántico, que se denomina como ´Principio de Incertidumbre de Heisenberg´. Heisenberg formuló originalmente sus ideas en términos de una relación entre la precisión de una medición y la perturbación que se debe crear. Aunque esta última relación no está rigurosamente comprobada, se cree comúnmente como un aspecto del principio de incertidumbre general. En este sentido, experimentalmente observamos una violación de la "relación de medición de la perturbación" de Heisenberg, utilizando mediciones débiles para caracterizar un sistema cuántico antes y después de que interactúe con un aparato de medición. Nuestro experimento implementa una propuesta del 2010 de Lund y Wiseman para confirmar la revisión de la relación medida-perturbación obtenido por Ozawa en 2003. Sus resultados tienen amplias implicaciones para los fundamentos de la mecánica cuántica y sobre cuestiones prácticas en la medición cuántica ".

LAS ONDAS NUCLEARES

Si hay ondas electromagnéticas y ondas gravitacionales, ¿no debería haber también ondas nucleares débiles y ondas nucleares fuertes?

Aunque no sea obvio ni imperativo, sí que parece lógico y posible que puedan existir las **Ondas Nucleares** producidas por los campos de fuerzas Nucleares (Fuerte y Débil), **de la misma forma** que los campos de fuerzas **Electromagnéticas y Gravitatorias** tienen sus propias ondas respectivas.

Si estas **Ondas Nucleares** existieran, evidentemente tendrían un alcance muy corto, y posiblemente, por ello, aún no las hemos detectado.

Aquí hay algunas respuestas a esta pregunta con diferentes opiniones al respecto:

Si, las hay y las hemos observado:

- *Para la fuerza débil, las ondas se llaman bosones W y Z*, *tienen energía de reposo (masa) y también carga eléctrica. Ellos son el mediador de la fuerza nuclear débil.*
- *Para la fuerza fuerte las ondas se llaman gluones. No interactúan con campos eléctricos. Tienen esta triple propiedad llamada color. Son los mediadores de la fuerte fuerza nuclear fuerte.*

*Al igual que la **onda electromagnética es una partícula, y la llamamos fotón**, o podríamos decir que el fotón es la partícula portadora de la fuerza electromagnética, y en la gravedad, la detección de **la onda gravitacional** podría ser una evidencia más de la existencia de la **partícula del gravitón.***

*Los bosones W y Z son los portadores de la fuerza fuerte, y se puede decir que son la "onda débil" de la misma manera que el fotón es la onda electromagnética. Sin embargo, estos bosones son muy masivos y por lo tanto, tienen una vida muy corta antes de que se descompongan. Así que estas **"ondas nucleares débiles" no tienen la oportunidad de viajar muy lejos antes de que se transformen en otra cosa**. De estos bosones, el Z es, en muchos aspectos, como un fotón pesado; Los W + / W-, sin embargo, también llevan carga eléctrica.*

Lo mismo ocurre con los gluones y la fuerza fuerte. Los gluones son los portadores de la fuerza fuerte. Esta partícula no tiene masa, pero debido a que la naturaleza de la fuerza fuerte es tal que aumenta realmente con la separación de los quarks, los gluones libres (las "ondas nucleares fuertes") sólo existen en entornos de energía muy alta, como dentro de un acelerador de partículas o en El Universo temprano extremo. A diferencia del fotón, los gluones no son neutrales; Llevan varias combinaciones de la carga QCD "color".

https://www.quora.com/If-there-are-electromagnetic-waves-and-gravitational-waves-shouldnt-there-be-weak-nuclear-and-strong-nuclear-waves

---

No, no hay ondas débiles o fuertes *en el mismo sentido como entendemos las ondas electromagnéticas o gravitatorias.*

Las ondas electromagnéticas y gravitatorias son conceptos clásicos, éstas son posibles valores de la ecuación clásica del movimiento de la intensidad de campo de la fuerza respectiva, y pueden ser radiadas por objetos cargados bajo la fuerza correspondiente. **Pero las fuerza débil y fuerte no tiene valores clásicos análogos.**

Debido a que los bosones W y Z tienen masa, y por lo tanto son diferentes a los de la EM o gravedad, **no tiene sentido hablar de un valor clásico de la fuerza fuerte porque los gluones y los quarks están confinados (limitados en un espacio muy reducido).** *No hay cargas netas de la fuerza fuerte como se entienden en un nivel clásico, por lo que las ondas fuertes desaparecen por definición.*

En otras palabras, la fuerza débil y la fuerza fuerte son, en cierto sentido, "plenamente cuánticas", *en que su importancia para nuestro mundo proviene completamente de su descripción cuantificada, y una descripción clásica no tiene sentido para ellas, por lo tanto* **no podemos hablar de un concepto clásico tal como una onda para las fuerzas débiles y fuertes.**

http://physics.stackexchange.com/questions/223424/are-there-weak-force-waves

1.- **No puede haber "ondas fuertes" o "ondas débiles".** Al igual que las ondas EM son estados coherentes de fotones, y las ondas gravitatorias son estados coherentes de gravitones, **las ondas fuertes o ondas débiles serían estados coherentes de gluones o bosones W / Z.**

Sin embargo, **los gluones realmente no existen**. Es decir, hay un campo del gluon, pero no puede tener ondas, y usted realmente no puede crear un estado con un gluon. Esto tiene que ver con una propiedad de las teorías de Yang-Mills (de las que la cromodinámica cuántica es un ejemplo), a saber, que **tienen una función beta negativa**: en general, cuanto mayor sea la escala de energía, menor será la fuerza de la fuerza. (EM hace exactamente lo contrario).

Esto significa dos cosas obvias: 1) en el límite de las energías muy altas, la fuerza del color se vuelve débil. Esta es la **libertad asintótica.** 2) en el límite de energías muy bajas (como la temperatura ambiente) la fuerza del color es extremadamente fuerte. Esto es el **confinamiento.**

El confinamiento es lo que nos importa ahora. Este efecto asegura que la fuerza entre los estados coloreados es tan grande que nunca se pueden ver. Tomando un mesón y tratando de extraer el quark y antiquark aparte no le permite ver el color desnudo de los quarks - sólo tienes más mesones.
Por lo tanto, el confinamiento se formula comúnmente en: sólo existen estados incoloros o blancos.

De hecho, **la física hadrónica tiene un espectro muy rico de miles de estados vinculados por la fuerza fuerte**, bariones y mesones (y aparentemente más partículas exóticas), **todos rigurosamente blancos.**

Ahora, en la teoría de Yang-Mills (y también en QCD) los bosones "gauge" (las partículas portadoras) también se cargan bajo la interacción que actúan. Así que si hay un gluón real, que es de color, se puede cambiar el marco de referencia para llegar a una energía arbitrariamente baja (se puede hacer esto sólo porque el gluón no tiene masa). **Como la energía es muy baja, se aplica el confinamiento y se obtiene una contradicción.**

Los gluones interactúan constantemente con otros gluones virtuales, de una manera tan fuerte que un estado limpio con un solo gluón simplemente no existe, y mucho menos **estados coherentes de gluones en ondas macroscópicas. Simplemente no se pueden crear**. Si usted da energía al vacío, todo lo que podrá hacer es crear estados incoloros.

No hay gluones ni quarks tampoco. La partícula más ligera posible en QCD (la brecha de masa) es el pión.

La gente suele decir que la fuerza del color es de corto alcance, por lo que este sería un argumento muy fácil contra las ondas de color. Esto es incorrecto, ya que el rango de la fuerza fuerte es infinito dado que el gluón no tiene masa. En su lugar, la razón real es el confinamiento del QCD tal como se ha explicado anteriormente.

Para la fuerza débil, **los bosones mediadores son muy masivos y muy inestables.** Los bosones de W se descomponen en quark-antiquark o lepton-antineutrino, y lo hacen en el orden de 10 e-25 segundos. De modo que esto **elimina la idea de una "onda débil".**

2.- Si bien no podemos detectar "ondas de fuerza fuertes" y "ondas de fuerza débiles" en el mismo sentido que podemos detectar la gravedad y las ondas electromagnéticas, **podemos detectar ondulaciones en el campo de fuerza fuerte y el campo de fuerza débil que son análogos a los fotones**; Estos son los gluones y los bosones W / Z. Tanto los gluones como los bosones W / Z son de vida muy corta, pero sin embargo podemos detectarlos por sus productos de descomposición. Creo que es exagerado decir que no hay tal cosa como un gluón. **Podemos "ver" los gluones de alta energía en colisiones de alta energía en los aceleradores de partículas:** cada uno produce un "chorro", es decir, una "lluvia" de partículas. **Pero es cierto que la ondulación asociada con un gluón de alta energía se desintegra muy rápidamente** en miles de ondulaciones tanto en campos de quarks como de gluones, hasta que termina con estados vinculados relativamente estables como piones, neutrones, etc.

https://www.reddit.com/r/askscience/comments/45farb/could_we_detect_strong_force_waves_and_weak_force/

7. CONCEPTOS Y LEYES EMERGENTES

La visión (conocimiento) que tenemos de los diferentes paisajes escalares, es siempre desde nuestro propio espectro escalar (nuestro PAISAJE: Paisaje Newtoniano). Y a partir de ahí tratamos de entender todo lo que sucede en los otros espectros (paisajes) escalares.

Pero, ¿qué pasaría si pudiéramos observar estos mismos paisajes desde su propia escala?

Nos podría dar un punto de vista completamente diferente del que tenemos ahora, que, sin duda, **nos ayudaría a comprender mejor muchos conceptos y fenómenos que ahora no comprendemos plenamente.**

Podríamos considerar que **la mayoría de los conceptos físicos** (tales como vacío, energía, materia, tiempo, velocidad, ...), **y también la mayor parte de las teorías o leyes físicas** (como las de Newtown, Maxwell, Termodinámica, Relatividad, Cuántica, ...), **son simplemente conceptos y teorías emergentes**. Esta propuesta se basa, entre otras fuentes, en el libro Robert B. Laughlin ("*Un Universo Diferente: Reinventando la Física*"). Ver anexo 2.

"Un Universo Diferente: Reinventando la Física", Robert B. Laughlin, 2006:

"*Los notables avances científicos del siglo XX llevaron a muchos a sostener la tesis según la cual la ciencia ha terminado. El "fin de la ciencia" -para utilizar una expresión que se ha popularizado- sería consecuencia, justamente, de su éxito: nada verdaderamente importante quedaría por descubrir después de la mecánica cuántica, la relatividad, el big bang o la biología evolutiva. En 'Un universo diferente', el Premio Nobel de Física Robert B. Laughlin sostiene que no sólo no hemos llegado al fin de la ciencia, sino que ni siquiera estamos cerca. La única frontera que hemos alcanzado, dice el autor, es la de cierto tipo de pensamiento reduccionista. Si en lugar de buscar teorías últimas o definitivas observamos el mundo de las propiedades emergentes -es decir, las propiedades*

---

que surgen de la organización de grandes cantidades de átomos-, los misterios más indescifrables se vuelven comprensibles. Laughlin da incluso un paso más: en realidad, las leyes fundamentales de la física -las del movimiento de Newton o las de la mecánica cuántica, por ejemplo- son emergentes, en tanto son propiedades de grandes cantidades de materia, y cuando se examina de cerca su exactitud ésta desaparece. 'Un universo diferente' nos propone un viaje a un mundo en el que el vacío del espacio no está vacío, sino constituido por una clase particular de materia sólida, el sonido tiene partículas cuantizadas como las de la luz, las fases de la materia no son tres sino muchas más, los metales tienen las propiedades de los líquidos y el helio superfluido se asemeja a los sólidos. Se trata de un mundo repleto de fenómenos naturales que no se han descubierto todavía."

Conceptos tan habituales para nosotros (para nuestro paisaje) como la energía (materia), el vacío, y el tiempo pueden no tener ningún significado para otro PAISAJE. **De la misma forma en que los conceptos termodinámicos** tales como la temperatura y la presión, **son valores (emergentes),** que sólo tienen sentido para un tamaño más grande de un átomo (> 10 e-15 m), y no tienen sentido para dimensiones más pequeñas, **también podemos decir que la energía (materia), el vacío y el tiempo son conceptos emergentes.**

Para cada PAISAJE existen unos modelos físicos que mejor explican sus comportamientos: Newton, Maxwell, Química, QED, QCD, Einstein (SR-GR). Aunque todos ellos pueden estar relacionados entre sí por algunas leyes subyacentes, también **podemos considerar que las diferentes leyes / modelos son emergentes y dependientes de la escala (Paisaje).**

EL esfuerzo básico actual en la búsqueda de la ToE (Teoría del Todo) es encontrar estas leyes subyacentes que pueden unificar todos los modelos, y en especial la SR-GR (Relatividad Especial y General) con la QM (Mecánica Cuántica). Pero, en el mejor de los casos, **estas posibles ToE** (Teoría de Cuerdas, Gravedad Cuántica,...) **solo serán capaces de explicar un espectro más amplio**, que incluya varios PAISAJES (dentro de la escala de Nuestro Universo conocido, 10 e+27 m, y la escala de Planck 10 e-35 m). Es sólo una manera de ampliar el espectro escalar. Y, posiblemente, **otras futuras ToE podrían ampliar más el espectro.**

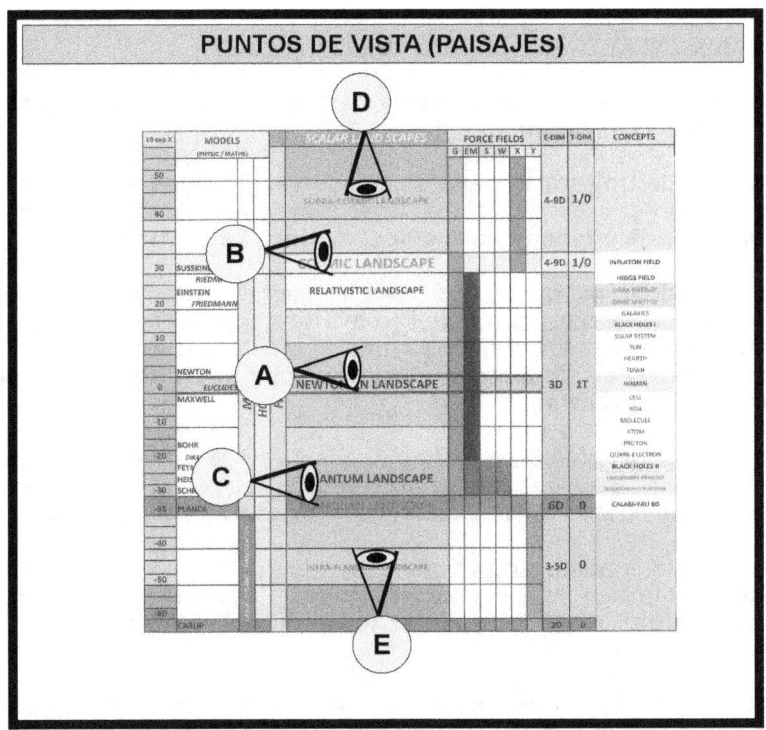

Fig.18: Punto de vista de diferentes paisajes

Las leyes de la física son las mismas en todo el espacio, pero eso **no quiere decir que el escenario en el que se envuelven será siempre el mismo** (espacios de diferentes dimensiones nD o de diferentes escalas espaciales), donde **pueden surgir diferentes leyes.** Aunque todas estas leyes emergentes puedan regirse por algunas leyes básicas subyacentes.

Einstein mismo nunca consideró la Teoría de la Relatividad como una teoría fundamental, y él esperaba que ésta mejorara debido a los avances de la Física Cuántica.

91

RESUMEN CONCEPTOS EMERGENTES (Ver anexo 2)

A partir de las consideraciones anteriores y del Anexo 2, **podemos concluir los siguientes conceptos:**

- En cada espectro escalar (paisaje), **pueden regir leyes o eventos** que, si bien pueden ser explicados por las leyes subyacentes de espectros inferiores, **no siempre se pueden extrapolar ("a priori") a partir de ellos.**

- Podríamos decir que <u>conceptos</u> (como la energía, materia, espacio, tiempo, velocidad, ...), **y** <u>teorías o leyes</u> (como Newton y la teoría de Maxwell, la termodinámica, ...) sólo son válidos para el espectro de escala humana, pero **pueden no tener ningún significado, como tal, en otro (mayor o menor) espectro escalar.**

- Para las <u>escalas cuánticas</u> (10 e -20 a la 10 e -35 m) estos conceptos podrían no tener sentido, y posiblemente las Leyes (1ª y 2ª) de la termodinámica podrían no ser válidas. **Son leyes y conceptos emergentes.**

- Posiblemente, a <u>niveles de escala más altos</u> (> 10 e+20 m), estas leyes y conceptos también ya no tendrán sentido, y **aparecerán otras leyes y conceptos que explicarán mejor los acontecimientos que se producen.**

- También **el** <u>tiempo</u>, que parece ser una consecuencia del calor (entropía), **sólo tiene sentido en las escalas** en las que el concepto "calor" pueda ser considerado, y **en el que las leyes de la termodinámica se puedan aplicar.**

- La <u>gravedad</u> también puede ser considerada como un **efecto de la masa (energía)**, característica de nuestra escala. **Es una fuerza emergente, no fundamental.** *La Gravedad emerge al emerger la materia y la masa.*

- El <u>vacío</u> **puede ser considerado como otro tipo de fase del espacio.** Aunque, para el punto de vista de nuestra escala, en el vacío no hay "nada", esto no es cierto para las escalas cuánticas, donde se detectan **las fluctuaciones cuánticas, que pueden ser consideradas como efectos emergentes típicos de estas escalas.**

- Puede suceder que **las leyes de la naturaleza no tengan fronteras** (tengan un alcance infinito, y nunca podamos conocerlas en su totalidad), o **que estén delimitadas** (esta es la opinión de RP Feymann). En este último caso, pueden ocurrir dos cosas: o bien que **lleguemos a conocer todas las Leyes de la Naturaleza (TOE)**, o que los experimentos sean cada vez más complejos y costosos, y sólo podamos llegar a conocer el 99,99% de los fenómenos (**Teoría del Fractal**).

CAMPOS DE INTERACCIÓN EMERGENTES

Como ya hemos mencionado anteriormente, los Campos de Interacción conocidos son: Gravedad, EM y los campos Nucleares (Fuerte y Débil).

La **Teoría Electrodébil** (S.Glasgow, S.Weingberg y A. Salam, 1963-67), propone que las interacciones débiles y electromagnéticas surgen del **mismo modelo electrodébil a muy altas energías.**

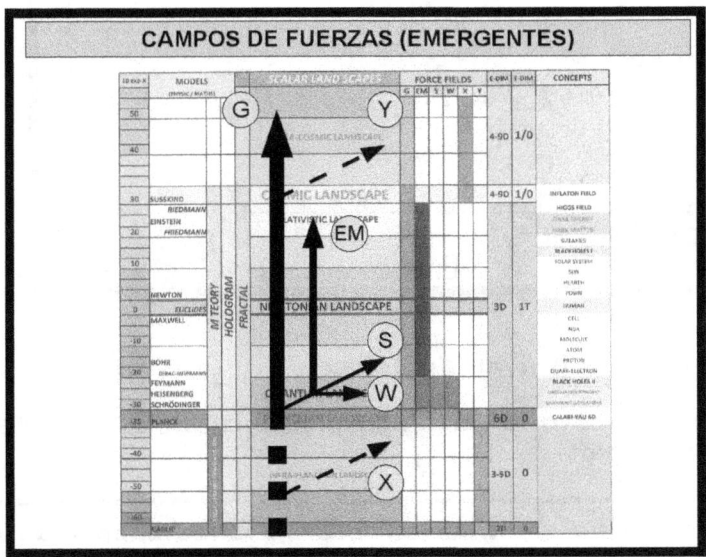

Fig.19: Campos de Fuerza Emergentes

Y la Teoría de Super-simetría (dentro de la Teoría de Cuerdas) pronostica que **las interacciones EM, S & W** se separaron de una sola fuerza unificada debido a la ruptura espontánea de simetría en el universo primitivo. (antes de 10 e-11 segundos después del inicio).Por lo tanto, **a muy altas energías (escalas espaciales muy pequeñas serían una misma interacción (fuerza).**

*La **Teoría del Campo Unificado** (UFT, "Unified Field Theory"), es un tipo de teoría de campo que persigue que se pueda considerar a todas **las fuerzas fundamentales y las partículas elementales en términos de un solo campo unificado**. No se ha aprobado oficialmente ninguna teoría del campo unificado, y por lo tanto **sigue siendo una línea abierta de investigación**.*

93

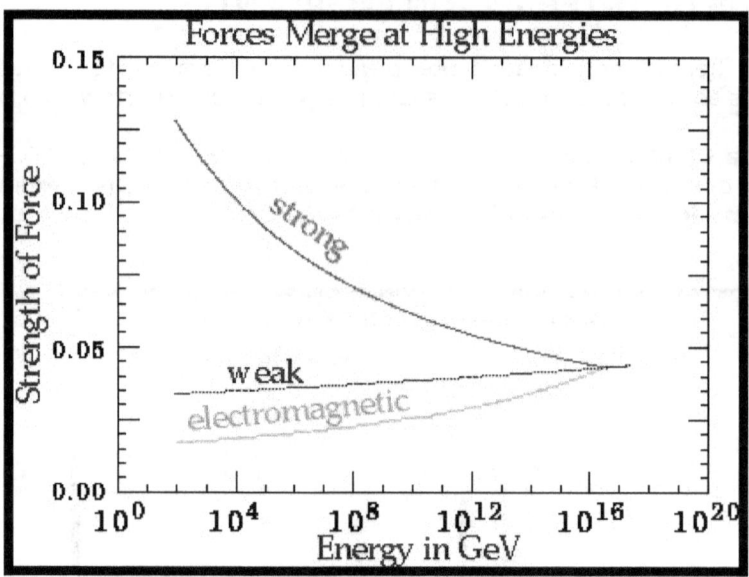

Fig.20: Unificación Campos de Fuerza

El **Campo Gravitatorio se niega a unificarse**, y parece seguir principios diferentes.

¿Podemos considerar que las interacciones conocidas (gravedad, EM, débiles y fuertes) son efectos emergentes?

¿Qué pasaría si pudiéramos ver / observar (detectar / medir) en un volumen muy pequeño (<10 e-25 m o menor que el volumen de Planck)?, ¿habrían también 2-3 interacciones?, ¿o sólo una unificada?, ... ¿o ninguna?

Las constantes de acoplamiento para las Fuerzas Fundamentales:

Al atribuir una fuerza relativa de las cuatro fuerzas fundamentales, se ha demostrado su utilidad para citar a la fuerza en términos de una constante de acoplamiento.
La constante de acoplamiento para cada fuerza es una constante adimensional, que asu vez esta asociada a su alcance.

94

<u>Las constantes de acoplamiento (valores):</u>

Fuerte	***as = 1***
Electromagnética	***ae = 1/137 (= Constante estructura fina)***
Débil	***aw = 10 e-6***
Gravedad	***ag = 10 e-39***

Por otra parte, también podremos decir que los ***diferentes campos de interacciones (fuerzas) tienen diferentes alcances:***

Alcance de Fg = infinito *(Según teoría de branas, la gravedad es una cuerda cerrada y <u>puede salir de nuestro D-brana</u>, al "Bulk")*
Alcance de Fem <10 e 27 m *(EM según teoria de branas es una cuerda abierta y <u>no puede salir de nuestro D-brana.</u>)*
Alcance de Fs <10 e -15 m *(radio del Núcleo del átomo)*
Alcance de Fw <10 e -18 m *(radio del Quark)*

Tres de estas interacciones (**EM, Débil y Fuerte**) parecen unificarse a tamaños muy pequeños y altas energías (Escala de Planck), como si **surgieran de una fuerza única** (posiblemente de las formas 6D : Calabi-Yau).

Por otro lado, **la interacción gravitatoria parece seguir diferentes patrones.** Y, como propone Lisa Randall, la *"masa aparece como por arte de magia, y es 10 e-16 veces (orden de magnitud) más débil de lo que los físicos podrían esperar basándose sólo de fundamentos teóricos generales (el "**<u>problema de la jerarquía"</u>**).*

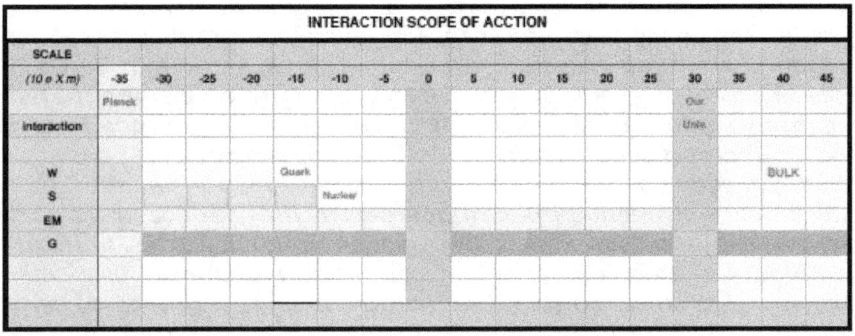

Fig.21: Alcance de las Fuerzas de Interacción

Así mismo, **para las escalas de mayor tamaño (> 10 e +30 m)**, si pudiéramos salir de Nuestro Universo 4D, y pudiéramos verlo desde el exterior (desde el Paisaje Cósmico), posiblemente podríamos detectar la fuerza de la gravedad, pero también **podríamos detectar otras interacciones/fuerzas emergentes, actualmente desconocidas.**

La misma **Fuerza de la Gravedad es una fuerza claramente emergente** y difícil de prever para alguien que sólo conociera las leyes que rigen en escalas pequeñas (dentro de un átomo,< 10 e -20 m), ya que empieza a tener importancia al agruparse muchos átomos y moléculas (posiblemente no podemos detectar claramente su influencia antes de tener la masa de una roca de mas de 100 kilómetros de longitud). De la misma forma puede aparecer una **Fuerza Emergente (Y) para escalas muy grandes** (En el Paisaje Supra-relativista o Cósmico, > 10 e+20 m).

Si esto fuera así, estas nuevas fuerzas/interacciones **podrían también ser otra explicación alternativa a la Materia Oscura** que podrían emerger en estas escalas ante la agrupación de estrellas y/o de galaxias, generando efectos y comportamientos no previstos.

A continuación relaciono un corto y relevante texto (***Markus Hanke, El Foro de Ciencia, April.2015***), y que considero muy interesante y fascinante:

*"**En el modelo estándar**, en su estado actual, **hay más de 25 campos cuánticos** (de los cuales el campo electromagnético es sólo uno de ellos), todos los cuales **se extienden por todo el universo**, es decir, que están presentes en todas partes; su sola presencia no implica que la gravedad sea de alguna forma "causada" por cualquiera de ellos, y menos aún que el electromagnetismo se destaque de alguna forma. Varias personas, incluido yo mismo, han señalado ya que **el electromagnetismo se comporta de una manera muy diferente de la gravedad en muchos aspectos fundamentales.** Ambos son, simplemente, cosas diferentes, y ninguno de los dos causa el otro. Aunque, por supuesto, que se influyen entre sí, ya que **los campos electromagnéticos transportan energía-impulso**. Sin embargo, lo que podemos hacer es **unificar la gravedad y el electromagnetismo en un marco común,** esto se hace simplemente **añadiendo una dimensión espacial al universo**, enrollada en un pequeño "círculo" en cada punto del espacio-tiempo, lo que significa que no pueden ser detectadas en macro-escalas. En esencia, resulta que **la Relatividad General en 5 dimensiones es exactamente equivalente al electromagnetismo en 4 dimensiones + GR en 4**

---

*dimensiones, además de un campo escalar adicional; este modelo de un <u>universo de 5 dimensiones se llama gravedad Kaluza-Klein</u>. La implicación de esto es que <u>**la gravedad y el electromagnetismo, aunque diferentes por naturaleza, surgen del mismo mecanismo subyacente**</u>, cuando la geometría del espacio-tiempo dispone de una dimensión espacial quinta "compactificada"; gravedad y el electromagnetismo son, bajo este modelo, propiedades geométricas diferentes del espacio-tiempo. Lamentablemente, la gravedad Kaluza-Klein implica la existencia de un campo escalar adicional (a menudo llamado el <u>**"campo de la dilatación"**</u>), para la que no existe evidencia empírica alguna - por lo que este modelo nunca llegó a ser aceptado por la "corriente principal", ya que la dilatación debería haberse detectado fácilmente, incluso en los aceleradores de partículas de la primera generación, pero no se detectó. **No obstante, es un modelo fascinante y sin duda de interés académico ".***

Se ha demostrado que **las interacciones EM y Nucleares (fuerte y débil) se unifican a escalas de muy alta energía** (cerca de la escala de Planck). La Teoría electro-débil unifica las EM y débil (*Steven Weinberg, 1993: "La búsqueda de las Leyes Fundamentales de la Naturaleza"*). Y de acuerdo con la teoría de cuerdas (TOE) también se cree que **la gravedad puede ser unificada con ellas, para niveles más altos de energía.**

Las leyes de estas fuerzas (EM-S-W-G) de alguna manera están relacionadas (aunque en diferentes dimensiones espaciales), así que puedo decir que **estas fuerzas / interacciones conocidas son simplemente diferentes manifestaciones de la misma fuerza / interacción para diferentes dimensiones espaciales.**

*"**Pueden existir otros mundos** que no conocemos, en otras branas ocultas, separadas de la nuestra y con otras dimensiones. Y, **si hay vida** en algunas de estas otras branas, es probable que estos seres estén atrapados en un ambiente completamente diferente. Y ellos **puedan sentir diferentes fuerzas / ondas que puedan detectarse por sentidos diferentes**"(Lisa Randall).*

TEORÍA DE KALUZA-KLEIN

*En la física, la teoría de Kaluza-Klein (Teoría KK) **es una teoría del campo unificado de la gravitación y el electromagnetismo en torno a la idea de una quinta dimensión más allá de las habituales cuatro de espacio y tiempo.** Se considera que es un precursor importante para la teoría de cuerdas.*

- La hipótesis original provino de Theodor Kaluza, que envió sus resultados a Einstein en 1919, y los publicó en 1921. **La teoría de Kaluza fue una extensión puramente clásica de la relatividad general de cinco dimensiones. Las ecuaciones de Einstein 5-dimensionales producen** las ecuaciones de campo <u>4-dimensionales Einstein,</u> las ecuaciones de <u>Maxwell para el campo electromagnético,</u> y una <u>ecuación para el campo escalar.</u>
- En 1926, **Oskar Klein dio a la teoría de 5 dimensiones clásica de Kaluza una interpretación cuántica,** para estar de acuerdo con los entonces recientes descubrimientos de Heisenberg y Schrödinger. Klein presentó la hipótesis de que **la quinta dimensión se acurrucó y microscópico,** para explicar la condición del cilindro. Klein también calcula una escala para la quinta dimensión en base a la carga cuántica.

Actualmente, sobre la idea original de Kaluza y Klein se han construido **generalizaciones de la teoría de la relatividad del espacio-tiempo de más de cinco dimensiones.** Estas teorías también se llaman teorías de Kaluza-Klein

EL CONCEPTO TIEMPO

Según **Lee Smolin**: "Para el futuro desarrollo de la ciencia física hay algún concepto que se nos escapa, y entre estos posibles conceptos puede estar la naturaleza del tiempo".

<u>Antes de Einstein</u>**, el tiempo era considerado un concepto independiente y absoluto, y siempre con una flecha positiva** (desde el pasado hasta el futuro) **y constante / homogénea** (que se mueve a la misma velocidad).

<u>La Relatividad (de Einstein)</u> **propone que el tiempo es variable dependiendo de la velocidad del objeto** (cuanto mayor es la velocidad de un objeto, el tiempo pasará más lento para él, relativamente a otro objeto que se mueva a una velocidad más baja). Y también, **el tiempo varía según la fuerza de gravedad que está expuesta al objeto** (cuanto mayor es la fuerza de la gravedad sobre un objeto, más lento le corre el tiempo relativamente a otro objeto que está expuesto a una fuerza inferior). **Si un objeto se expone a una gravedad infinita (Agujero Negro) el Tiempo para él será cero.**

También el tiempo será nulo (cero) para partículas que se muevan a la velocidad de la luz (radiación electromagnética, ...).

Aún más, la **información** (objeto sin masa) **que se mueva a una velocidad más rápida que la luz** (que ahora se considera imposible), su tiempo sería negativo, y por lo tanto, dicha información **podría viajar al pasado** (!?).

Stephen Hawking (*"Una breve historia del tiempo", 1988*) propone que **la flecha del tiempo podría depender de la entropía (S), o mejor dicho de la "variación" de la entropía (△S)**, ser positivo si la "variación" de la entropía es positiva, y, (posiblemente) negativo, si la "variación" de la entropía fuera negativa (que estaría en contradicción con la segunda ley de la termodinámica). Si esta propuesta es correcta, **la flecha del tiempo podría ser diferente para los distintos universos "de bolsillo" en función de su "variación" de entropía**. Darse cuenta de que la entropía es siempre positiva (S> 0), pero estamos hablando de "variación" de la entropía (△**S**).

> *La Entropía (S) es un concepto termodinámico que mide el desorden de un sistema físico. Y la Segunda Ley de la Termodinámica establece que la S actual del Universo aumenta (△S es positiva).*

Mientras que Nuestro Universo se está expandiendo, la entropía está aumentando, y el tiempo es positivo. Pero, ¿qué ocurriría si Nuestro Universo (u otro universo "de bolsillo") implosiónara (**"Big-Crunch"**)? S.Hawking, inicialmente supuso que el tiempo podría ser negativo, pero finalmente aceptó que **durante la implosión** (aunque podría disminuir la "variación" de entropía), **el tiempo seguiría siendo positivo.**

> *"Thomas Gold, en 1958 (antes de la llegada de la Cosmología Cuántica), fue el primero que propuso que durante el "Big-Crunch" el tiempo sería negativo. Este comportamiento del volumen es perfectamente posible según la teoría de Relatividad General. Actualmente hay que admitir la existencia de una remota posibilidad de que se produzca este comportamiento, ya que la naturaleza del tiempo en la Gravitación Cuántica no está aún del todo clara."*
>
> *"Sin embargo, es mucho más probable que tal inversión sea simplemente una ilusión generada por la descripción matemática elegida. Cuando se camina en la Tierra por un camino que cruza el Polo Norte, la latitud en principio aumenta y, decrece tras cruzar el Polo. Pero ello no significa que se haya vuelto al camino anterior ya que los grados de longitud son diferentes. Del mismo modo, el punto de inversión del volumen del universo como parámetro del Tiempo en un colapso ("Big-Crunch"), no significaría que el Tiempo transcurra a la inversa (sea negativo)."*
>
> *(M. Bojowald, "Antes del Big-bang", 2009)*

Podríamos decir que si la flecha del Tiempo es proporcional a la "variación" de la entropía ($T = f (\triangle S)$), **el valor de la flecha del Tiempo puede ser variable en función del valor de dicha "variación" de entropía en diferentes edades de Nuestro Universo desde Big-Bang.**

Por todo lo anterior, podríamos extrapolar (*"El Tejido del Cosmos: Espacio, Tiempo y la textura de la Realidad"*, 2005 por Brian Greene) que **"el tiempo comenzó para nuestro universo con el Big Bang"**, y que, hasta la fecha , ha evolucionado con una flecha positiva, pero, probablemente, a diferentes velocidades en función del valor de la "variación" de la entropía en cada momento (para las diferentes edades de nuestro universo).

Si vamos más allá, y **nos centramos fuera de los límites escalares de nuestro universo (en el Paisaje Cósmico),** con todos sus diferentes universos "burbujas" (con diferentes constantes y en diferentes estados la evolución), podemos extrapolar que **la flecha del tiempo para cada universo podría tener un valor / velocidad diferente, en función de sus propias características** (entropía, gravedad, velocidad de la luz, ...), y, posiblemente, dependiendo de su estado de evolución (Expansión-implosión).

También podemos suponer que **el tiempo, en los inter-versos del "Bulk" o Paisaje Cósmico** (espacio entre los diferentes universos de burbuja), puede ser también proporcional a la "variación" de la entropía, pero también **puede depender de otras variables conocidas** (gravedad, velocidad de luz, ...), **y posiblemente otras variables actualmente desconocidas.**

¿Podemos considerar el tiempo como un concepto emergente?. Si el tiempo depende de la Entropía, nos podríamos preguntar si debemos considerar la entropía en los espectros escalares Cuánticos (o de Planck) (?). La entropía es una medida del desorden del universo. ¿Tiene sentido el concepto de entropía debajo de la escala 10 e-20 m? **¿Hay tiempo por debajo de esta escala 10 e-20 m?**

En la teoría de la Gravedad Cuántica (QG), puede ser que no haya noción de tiempo absoluto. Como el resto de cantidades en la teoría QG, la noción de tiempo tiene que ser introducida de forma "relacional/relativa", mediante el estudio del comportamiento de algunas magnitudes físicas, comparándolas entre diferentes sucesos.

TIEMPO CUÁNTICO:
Mientras que el tiempo es una cantidad continua tanto en la Mecánica Clásica como en la Relatividad General, muchos físicos han sugerido que **un modelo discreto de tiempo podría funcionar mejor**, sobre todo cuando se considera la combinación de la Mecánica Cuántica con la Relatividad General para producir una teoría de la **Gravedad Cuántica**.

Un **chronon** es una propuesta cuántica del tiempo, es decir, una **"unidad"** **discreta e indivisible de tiempo** como parte de una hipótesis que propone que el tiempo no es continuo.

La física teórica actual sugiere que el flujo del tiempo es sólo una ilusión.

"El concepto de tiempo aparece cuando se producen los procesos de cambio o movimiento."
"En un universo estacionario (sin cambios o sin movimientos), no exis-tiría el tiempo."
"No es cierto que nos movemos por el espacio, **nos movemos a través del espacio-tiempo**. El espacio y el tiempo están íntimamente relacionados ".
"La naturaleza del tiempo en la Gravitación Cuántica no se explica adecuada-mente".
"La Flecha del Tiempo no se puede atribuir a la entropía a escalas mi-croscópicas".
(M. Bojowald, "Antes del Big-bang", 2009)

http://fqxi.org/community/essay/winners/2008.1

La naturaleza del tiempo por Julian Barbour: "Una revisión de algunos he-chos básicos de la dinámica clásica muestra que el tiempo o, más precisamen-te, la duración, es redundante como un concepto fundamental. **La duración y el comportamiento de los relojes emergen de una ley eterna que go-bierna el cambio o el movimiento".**

¿Existe Tiempo en la Gravedad Cuántica? por Claus Kiefer: "El tiempo es absoluto en la teoría cuántica estándar y en la relatividad general. [...] Entre las consecuencias de ello están la intemporalidad (sin tiempo) fundamental de la Gravedad Cuántica, [...], y la correlación de la entropía con el tamaño del Uni-verso ".

LOS VIAJES EN EL TIEMPO

Según la **Teoría de la Relatividad Especial** (de Einstein), cuando un **cuerpo A viaja a una velocidad V** muy elevada (una proporción de la velocidad de la luz: 10, 20,..., 80 %) con respecto a otro **B** que **se mantiene en reposo, el tiempo para A transcurre más lento que para B** de una forma inversamente proporcional a su velocidad:

Si $V = 50$ % c (50% la velocidad de la luz (c) = 150.000 km/s)
Tb = Ta.(c-V)/c = Ta.2 (si para B ha pasado 1 año, para A habrán pasado 2 años)
Luego si A y B están en un mismo lugar en un instante determinado To, y A inicia un viaje a la estrella Alfa Centauri (a 4 años luz de nuestro Sol), a una velocidad media del 50% de la velocidad de la luz (por lo que para A el tiempo transcurrirá la mitad de rápido que para B que sigue en reposo), el viaje de ida y vuelta de A será de 16 años, mientras que para B habrán pasado sólo 8 años, cuando A vuelva a la Tierra.

Por lo tanto **los viajes al futuro son posibles, siempre y cuando podamos viajar a una velocidad muy elevada con respecto a otros cuerpos**.

Los viajes al pasado, ya son otra cosa, y parecen más improbables (y yo diría que imposibles): Como dijo S. Hawking, *"todavía no hemos visto ningún turista que nos visite del futuro".*

Si suponemos que **A pudiera viajar a la velocidad de la luz** (300.000 km/seg), el tiempo para A no pasaría. **El tiempo para A se pararía**.

Y se da la paradoja de que **si fuéramos capaces de viajar a una velocidad mayor que la velocidad de la luz** (algo imposible teóricamente) se invertiría la flecha del tiempo y **viajaríamos al pasado**.

Otra forma "teóricamente" posible de "viajar" ("observar") **al pasado sería mediante un "agujero de gusano" de Thorne**. Supongamos dos personas A y B, donde A y B disponen un "dispositivo" (posible **"maquina del tiempo"**) de pantallas móviles (monitores TV) conectadas mediante un "agujero de gusano" por el que pueden verse el uno al otro. Si A se lleva el dispositivo en su viaje, podría seguir viendo a B durante el viaje (pasando el tiempo igual para ambos), y cuando A volviera a la Tierra, seguiría viendo a B por la pantalla (en la que para ambos habrían pasado el mismo tiempo) y también en directo (donde B estaría más viejo). Si A tuviera alguna forma de viajar a través del "agujero de gusano" (del dispositivo), entonces podría viajar al pasado. Y si A puede pasar por el agujero de gusano, cualquier otra persona podría hacerlo, y tanto en una dirección (hacia el pasado) como hacia la otra (el futuro). Luego ya tendríamos una **"máquina del tiempo"**. Pero **la cuestión sería, ¿podría realmente "interactuar" con el pasado, o simplemente observarlo ?** *(Leer "El Tejido del Cosmos" de Brian Greene).*

Evidentemente, **esta opción solo nos permitiría "viajar" al pasado hasta el momento en que construyamos este dispositivo (la "maquina del tiempo") , pero nunca podríamos viajar a tiempos anteriores**.

8. HORIZONTES DE SUCESOS

En la relatividad general, un horizonte de sucesos es una frontera del espacio-tiempo a partir del cual los eventos no pueden afectar a un observador externo.

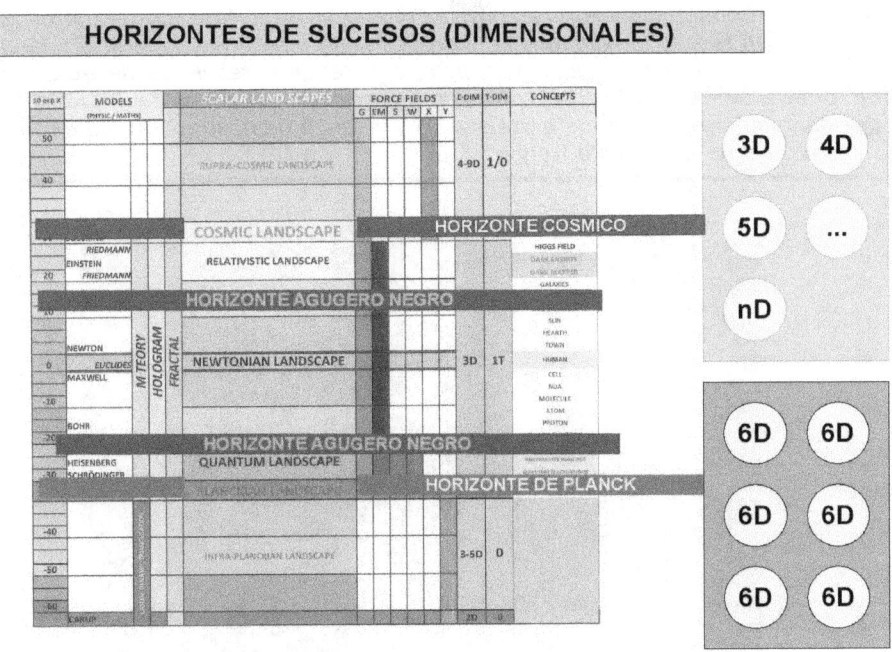

Fig.22: Horizontes de Sucesos de Nuestro Universo

Está claro lo que significa el **"horizonte de sucesos" de los agujeros negros** (la superficie externa del agujero negro) **y su "radiación Hawking"**.

---

*Un **agujero negro** es una región del espacio-tiempo geométricamente definida, donde hay tan fuertes efectos gravitatorios, que nada -incluyendo las partículas y la radiación electromagnética como la luz- puede escapar de su interior.*

S.Hawking propuso que **toda la información 3D (entropía) contenida dentro de un Agujero Negro**, se puede describir también en el límite 2D del Agujero Negro, y **es igual a las unidades de área Planck (qubits) de esta superficie:**

---

*"**La entropía (información) de un agujero negro es proporcional a su superficie**. Luego, la cantidad de información requerida para especificar el micro-estado del agujero negro es proporcional a su superficie. Los agujeros negros son, en teoría, máximamente entrópicos, y juntando la superficie y la entropía establecida por Beckstein, obligan a obtener el resultado de **que cada bit puede ser considerado como codificado en un área de Planck. Los Qubits** requieren un estado entrelazado, y no está demostrado que el entrelazamiento sobreviva en esta frontera "*

Fig.23: Horizonte de Sucesos de un Agujero Negro

> *"La **radiación de Hawking** se produce debido a las fluctuaciones cuánticas (pares partícula-antipartícula) en la superficie del agujero negro, y siendo una de las partículas atrapadas por el agujero negro, y la otra escapa en forma de radiación.*
>
> *Los **agujeros negros grandes** emiten radiación **Hawking tan tenue** que la temperatura es menor que la radiación de fondo cósmico de microondas (CMB, 3° K), y esto **nos impide verlos y detectarlos.***
>
> *Los **agujeros negros más pequeños** emiten **más energía y radiación**, superando CMB. Por lo tanto, se pierde más energía que la que se obtiene por la absorción de la radiación de fondo, pudiendo ese agujero negro ser evaporado".*
>
> *("Antes del Big-bang", Martin Bojowald, 2009)*

De manera similar, **también podríamos considerar otros tipos de "Horizontes de Sucesos" y, posiblemente, su propia "radiación X":**

- **Nuestro Horizonte Cósmico (aprox 10 e+30 m.)**: El horizonte de sucesos (frontera) entre Nuestro Universo de "bolsillo" (Nuestro 4D Mundo-Brana) y lo que haya más allá de Nuestro Universo (el "Bulk" o Cosmic Landscape). Como este límite puede estar más lejos que la frontera del **Universo Observable**, entonces no seremos capaces de ver o detectar cualquier señal que provenga de él (al estar demasiado lejos).

- **Nuestro Horizonte Observable (aprox 10 e +27 m.)**: El horizonte de sucesos (frontera) del Universo Observable (Esa parte de nuestro universo que, debido a la limitación de la velocidad de la luz, somos capaces de detectar u observar). El fondo cósmico de microondas **(CMB) podría ser considerado como radiaciones de este horizonte** (radiaciones procedentes de las fronteras de Nuestro Universo Observable).

- **Horizonte de Planck (<10 e -35 m)**: El posible horizonte de sucesos (límite o borde) donde podría terminar Nuestro Universo en las escalas más bajas; allí donde se hace el cambio entre Nuestro Universo (nuestro 4D-Brana) con el Paisaje Sub-Planckiano (posiblemente dentro de las branas-universos 6D Calabi-Yau). **Las fluctuaciones cuánticas** (y, posiblemente, los campos de interacción) **pueden ser considerados como efectos ("radiaciones" ?) de este horizonte** (provenientes del volumen de Planck o de las formas 6D Calabi-Yau).

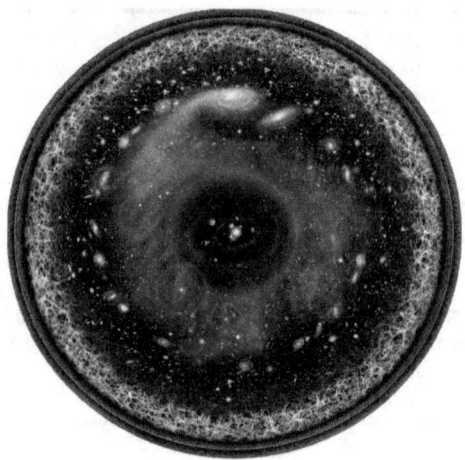

Fig.24: Horizonte del Universo Observable

El primer horizonte (**Horizonte Cósmico**) y el tercero (**Horizonte de Planck**), podrían ser considerados como **superficies límites de nuestro Universo-Brana** (Nuestro Universo Escalar) con las otras branas vecinas (Arriba: el "Bulk", y abajo: las formas Calabi-Yau).

Podríamos decir que **Nuestro Universo (Nuestro Mundo-Brana-3D) está limitado por Nuestro Horizonte Cósmico y por el Horizonte de Planck**, que los separarla de las otras branas de dimensiones superiores.

Esto sería como un pez que vive en el mar, y estaría limitado, por encima, por la superficie del mar que le separa del aire gaseoso, y ,por abajo, por el estado sólido de los fondos marinos.

Las diferentes branas dimensionales podrían ser consideradas como diferentes estados dimensionales (espaciales).

El segundo horizonte (**Horizonte Observable**) sería sólo como una **limitación física** debido a la limitación de la velocidad de la luz.

"El **CMB** es una radiación cósmica de fondo ("Cosmic Microwave Background") que es fundamental para la Cosmología Observacional porque **es la luz más antigua del universo**, que data de la época de la recombinación."

> *"**El CMB es una instantánea de la luz más antigua de nuestro Universo**, impresa en el cielo cuando el Universo tenía sólo 380 mil años de antigüedad. Muestra las pequeñas fluctuaciones de temperatura que corresponden a regiones de ligeramente diferentes densidades, lo que representa la semilla de toda la futura estructura: las estrellas y las galaxias de hoy ".*

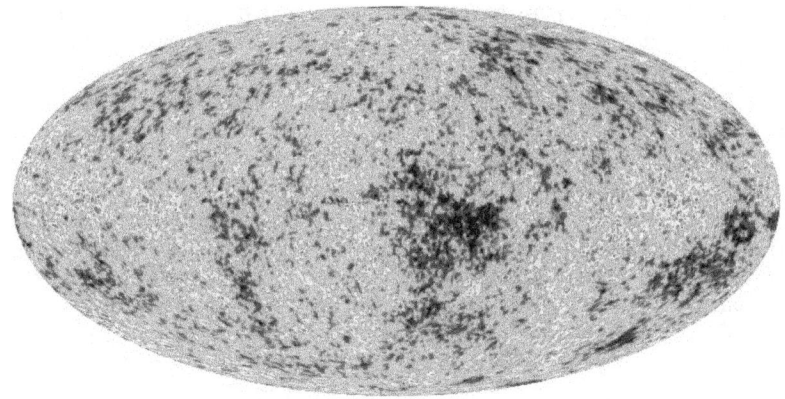

Fig.25: CMB (Cosmic Microwave Background)

CMB es una radiación que viene de lo más lejano que podemos observar en Nuestro Universo (la luz más antigua de nuestro universo), ya que antes el Universo era oscuro. Entonces, el **CMB es una radiación que viene de la Frontera del Universo Observable**. Aunque el CMB no es una radiación Unruh, como lo es la "Radiación de Hawking" en el Agujero Negro.

CMB es el eco que viene desde el principio del universo, es decir, **el eco del Big Bang.**

> *"**El universo puede ser considerado como un espacio cerrado hueco**, y el CMB es el calor que se ha medido con mayor precisión"* ("Antes del Big-bang", Martin Bojowald, 2009).

A continuación relaciono un corto pero relevante texto (*Implicate Order, El Foro de Ciencia, April.2015*) que resume muy claramente el objetivo principal del presente capítulo:

"Yo desconfío sobre ese territorio inmediato más allá de nuestro volumen de Hubble ["el Universo Observable"], que, si bien es natural concluir que simplemente no podamos ir más allá de este límite, algo me dice que **parte de la respuesta a nuestra búsqueda se encuentra inmediatamente más allá de esta frontera,** *y aunque ésta pueda quedar para siempre fuera de nuestro alcance empírico, también* **podría sacudir considerablemente nuestra opinión actual sobre el Big-Bang y la cosmología.** *Pero eso es sólo una corazonada mía basada en el principio de que* **la frontera que existe entre el dominio cuántico y el dominio clásico (la escala de Planck) podría trasladarse macroscópicamente de forma inmediata más allá de nuestro límite macroscópico clásico.** *El mismo principio se aplica en el horizonte de sucesos de un agujero negro donde un objeto macroscópico como un agujero negro exhibe propiedades cuánticas en su límite, y de ahí mi interés en las fronteras y también en las teorías exóticas como el* **Universo Holográfico** *o la* **Triangulación Dinámica Causal (CDT),** *lo que sin duda sería una revolución en nuestro pensamiento si cualquiera de estos enfoques ganaran impulso como un serio candidato dentro la Gravedad Cuántica. Estamos a la espera de una resolución sobre la Gravedad Cuántica, y a partir de allí veremos que sucede [con el tiempo]".*

TEORÍA HOLOGRÁFICA

En un sentido amplio, la teoría sugiere que **el universo entero puede ser visto como una información de dos dimensiones en el horizonte cosmológico**, de tal manera que las tres dimensiones que observamos son una descripción efectiva sólo a escalas macroscópicas y a bajas energías.

Una consecuencia importante es que **la cantidad máxima de información que puede contener una región de espacio** rodeado por una superficie diferenciable **está limitada por el área total de esta superficie**. Es similar a lo que hemos visto con los Agujeros Negros.

Si la **Cosmología Holográfica** no se ha desarrollado adecuadamente, es porque **el Horizonte Cósmico de Nuestro Universo no está bien definido y crece con el tiempo (inflación)**.

Explicado de una forma más sencilla, una **Teoría Holográfica de Nuestro Universo**, propone que **todo lo que sucede en Nuestro Universo** (3D espacial), **podría explicarse** (o formularse) **mediante una Teoría en la frontera** (2D espacial) de Nuestro Universo (en el **Horizonte de Sucesos de Nuestro Universo**).

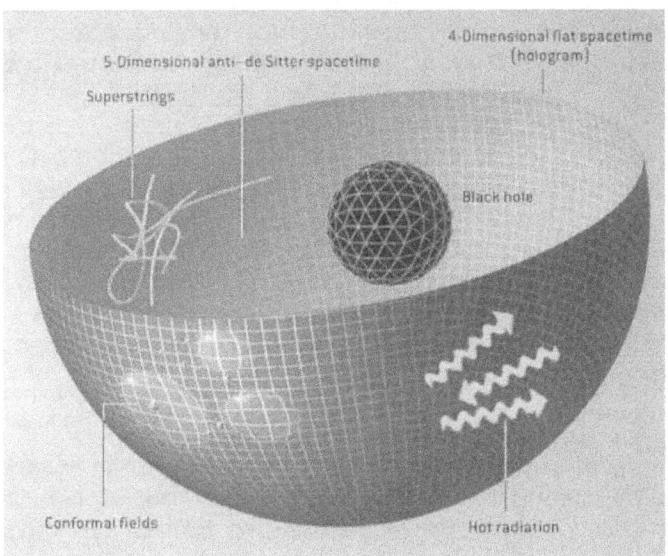

Fig.26: Teoría Holográfica

Según **Juan Maldacena** (Ver artículo de Scientific American, enero-2006):

"La Teoría HOLOGRÁFICA afirma que una teoría cuántica de la gravedad en un espacio-tiempo anti-De Sitter es equivalente a una teoría de partículas ordinarias en la frontera."

"Lamentablemente aún no se conoce una teoría de la frontera que se traduzca en una teoría interior que incluya sólo las cuatro fuerzas que observamos en nuestro universo [...] **Puesto que nuestro universo no tiene un límite definido** (tal como tiene un espacio de anti-De Sitter y como precisa la teoría holográfica), **no estamos seguros de cómo se definiría una teoría holográfica de nuestro universo debido a que no hay un lugar apropiado para poner el holograma** ".

Una opción a considerar, como **una alternativa al horizonte 2D espacial de Nuestro Universo,** requerida por la teoría holográfica, podría ser que este horizonte no se encuentre en las escalas más grandes (Horizonte Cósmico), sino en **las escalas más pequeñas (Horizonte de Planck),** donde también podríamos tener una frontera espacial 2D.

Así, la frontera o límite de Nuestro Universo estaría en la escala "Inferior" (en los límites escalares más bajos) de Nuestro Universo, y no en la escala "Superior" que no parece tener una frontera 2D espacial establecida. **El Principio Holográfico funcionaría de <u>abajo hacia arriba</u> en lugar de <u>arriba hacia abajo</u> !**

Leonard Susskind, después de leer el primer artículo (Oct.2012) me dijo: *"... a medida que avanzas por las escalas hacia las cosas más pequeñas, situas las cuerdas al final. Eso probablemente no es correcto. La escala de las cuerdas, si existen, debe ser más grande que la escala de Planck, aunque no necesariamente mucho más. **En la misma escala de Planck probablemente deberíamos añadir el qubit. Esa es la unidad de información en el horizonte de un agujero negro** ".*

Un <u>qubit</u> es un bit cuántico, la contraparte en la computación cuántica para el dígito binario o bit de la computación clásica. Del mismo modo que un bit es la unidad básica de información en un ordenador clásico, un qubit **es la unidad básica de información en un ordenador cuántico.**

¿Podemos comparar la información sobre la superficie de un agujero negro (medida en qubits) con la información existente en los niveles escalares inferiores (escala de Planck), y considerar a ambos como una textura 2D?.

Esta superficie 2D "virtual" en la escala de Planck podría ser la frontera 2D a ser considerada para la teoría HOLOGRÁFICA: el Horizonte de Planck.

El US Fermi o Laboratorio Nacional Fermilab comenzó (2014) un experimento único que podría revelar que nuestro mundo tridimensional es sólo un holograma (una ilusión).

Cuando vemos una película en la televisión, vemos imágenes que parecen integras, reales y tridimensionales. A medida que nos acercamos a la pantalla podemos ver que la imagen es en realidad un conjunto de píxeles bi-dimensionales.

Esto mismo cree el astrofísico de partículas Craig Hogan que trabaja en el Fermilab, que todo lo que vemos con nuestros ojos, todo el universo podría ser una ilusión, imágenes compuestas de 'píxeles', es decir, toda la información acerca de Nuestro Universo podría ser codificada en pequeños paquetes de dos dimensiones. Serían tan pequeños que no se ppodrían ver a simple vista: unos 10 e 19 de veces más pequeños que un átomo (10 e -30 m).

Con este fin Fermilab ha construido un instrumento llamado holómetro. Este es un dispositivo sensible que podría permitir discernir a estos pequeños 'píxeles'.

A día de hoy, el experimento está en fase de recolección de información.

Sabemos que **la energía en el nivel atómico,** por ejemplo, **no es continua y viene en pequeñas cantidades indivisibles.** El holómetro fue construido para probar si el espacio y el tiempo se comportan de la misma manera. Pero, hasta la fecha, los resultados nos dicen lo mismo que nuestro sentido común y las leyes de la física: que **el espacio y el tiempo "parecen" ser continuos** (al menos hasta las dimensiones estudiadas).

De todas formas estos estudios aún no son definitivos ni concluyentes (ver https://holometer.fnal.gov **y** arXiv.org/gr-qc/1512.01216 **)**

9. FRACTALES Y LA RELATIVIDAD ESCALAR

Los modelos físicos han evolucionado a lo largo de la historia (Aristóteles, Newton, Einstein ...) cubriendo cada vez un espectro mayor de las escalas del Universo.

Actualmente, hay varias teorías (super-cuerdas, gravedad cuántica, ...) que tratan de abarcar todas las escalas de Nuestro Universo (desde la dimensión de Planck hasta los límites de Nuestro Universo), unificando las teorías de la Relatividad y Cuántica (hasta ahora incompatibles), y además, pretenden ampliar las escalas de este espectro hasta fuera de los propios límites (por encima y por debajo) de Nuestro Universo. Se les conoce como **TOEs (Teoría del Todo: "Theory of Everything"), y, como su nombre indica, están tratando de cubrir (parametrizar) todos los eventos de la física del Universo Global (Total).**

"La teoría de cuerdas es una teoría maravillosa que ya ha llevado al descubrimiento de unas ideas matemáticas y físicas profundas, pero es muy difícil encontrar su conexión con el mundo real."
"El problema de la teoría de cuerdas es que se define en unas escalas de energía que son diez billones (10 e+13) de veces más pequeñas que las que se pueden explorar experimentalmente con los instrumentos actuales ".

Lisa Randall (2005), "Universos Ocultos"

Tanto, la **Mecánica Cuántica** (todas las cosas están interconectadas) como la **Relatividad de Einstein** (todo es relacional), parecen estar diciéndonos lo mismo, aunque desde diferentes perspectivas, dando esperanza para una unificación.

La Teoría Fractal podría ser otro modelo que nos podría ayudar a modelizar un espectro más amplio del Universo Global.

Un **fractal** es una figura geométrica que se **divide en versiones más peque-ñas de _"sí misma"_**. Cada fractal tiene un iniciador y el generador. El **iniciador** representa la primera etapa del fractal y el **generador** produce cada fase o paso del fractal. (Ver Anexo 3)

Para describir el universo tenemos que ser capaces de extrapolar y crear **"nue-vas versiones más pequeñas de"** otros modelos **", pero unidas por al-gún tipo de patrones subyacentes"**.

Para modelar Nuestro Universo **3D** (y todo el universo **nD**), tenemos que consi-derar / utilizar **fractales 3D-ND**.

Fig.27: Circulo de Escher: Ejemplo de Fractal y Holograma

DIMENSION ESCALAR Y DIMENSIÓN FRACTAL:

Consideramos las dimensiones como los grados de libertad de un sistema (por ejemplo, las 4 dimensiones de nuestro universo: Dimensiones Espaciales: XYZ y Dimensión Temporal: T). Pero,en ciertas situaciones, también deberíamos considerar la **Dimensión Escalar: S** (como otra dimensión "dependiente" de las Espaciales) para localizar un evento dentro de nuestro universo. Ejem.: para localizar una **molécula** que podría **estar en la misma dimensión espacio-tiempo** que un **planeta**: si no se conoce la **Dimensión Escalar** exacta que estamos considerando, posiblemente, no seremos capaces de distinguir entre ambos objetos (molécula y planeta).

Está claro que esta **Dimensión Escalar dependerá de las otras 3 Dimensiones Espaciales (XYZ)**, y, posiblemente, sólo debe considerarse la "precisión / exactitud" de los valores XYZ (por ejemplo, no va a ser lo mismo decir X = A (en 10 e +10 unidades) que X = A (en 10 e -10 unidades), **cada uno puede describir el mismo lugar espacial 3D pero en diferentes escalas (precisión / exactitud)**: el primero la escala de la Tierra, y segundo la escala molécula.

La **Dimensión Escalar** podría estar relacionada con la **Dimensión Fractal**: el índice para la caracterización de los patrones (o conjuntos) fractales mediante la cuantificación de ellos como una relación del cambio en el tamaño debido a diferentes cambios de escala.

Tales relaciones de escala pueden definirse matemáticamente por la regla de escala general en la ecuación siguiente, donde la variable N es el **número de pasos (ordenes)**, ϵ el **factor de escala**, y D la **dimensión fractal**.

$$N \propto \epsilon^{-D}$$

El simbolo $\propto$ significa proporcionalidad.

COSMOLOGÍA FRACTAL

La **cosmología fractal** es un conjunto de teorías cosmológicas que establecen que **la distribución de la materia en el Universo, o la estructura del universo mismo, es un fractal en una amplia gama de escalas**. De manera más general, se refiere a la utilización de los fractales en el estudio del universo y la materia. Un tema central en este campo es la dimensión fractal del universo o de la distribución de materia dentro de él, cuando se mide en escalas muy grandes o muy pequeñas.

La demostración de la **fractalidad a gran escala del universo** requiere de observaciones adicionales (en concreto de la radiación de microndas de fondo) y complicadas soluciones matemáticas basadas en la teoría de la relatividad de Einstein, lo que presenta una gran complejidad. Entre algunos de sus objetivos más ambiciosos estaría que **la fractalidad del Universo podría determinar con un grado de exactitud sin precedentes, la distribución de los supercúmulos galácticos y en general de toda la materia del Universo, incluyendo la Materia Oscura.**

En **cosmología teórica**, la geometría fractal ha sido usada como un intento de **describir la naturaleza irregular que debería tener el espacio-tiempo a una escala muy pequeña, debido a las fluctuaciones cuánticas**. Así se ha conjeturado que, a muy pequeñas escalas, el espacio-tiempo no es suave ni tiene estructura de variedad diferenciable, sino que debería ser una especie de **"espuma cuántica"**.

En ese contexto se ha tratado de explicar el colapso del espacio-tiempo que se produce en el interior de los **agujeros negros** y relacionarlo con la gravedad a nivel protónico, superando algunos de los mayores escollos de la cosmología actual. **Este modelo podría aportar correcciones al actual modelo del Big Bang.**

Finalmente, se han planteado conjeturas matemáticas en torno a la supuesta **naturaleza fractal de la mecánica cuántica**, llegando a postularse **la exótica idea de sacrificar el tiempo unidimensional monodireccional por un tiempo bi-dimensional y fractal.**

Un Universo fractal? (Robert L. Oldershaw, 2002, http://www3.am-herst.edu/~rloldershaw/NOF.HTM)

RESUMEN: Desde las partículas sub-atómicas a los super-cúmulos de galaxias, la naturaleza tiene una organización jerárquica "anidada". También hay indicios que sugieren que **la auto-similitud,** la idea de una forma similar en las escalas de tamaño diferentes, **podría ser una propiedad fundamental de la jerarquía cosmológica.** Estas características son las características de la estructura fractal. **¿Podría la naturaleza, como un todo, ser un sistema fractal?**

REPERCUSIONES POSIBLES DE UNA AUTO-SIMILITUD COSMOLÓGICA:
Si la materia oscura está compuesta de objetos "estrellados" ultra-compactos y con un espectro de masas que se aproxima a las predicciones de la hipótesis de auto-similar, entonces **parecería que la auto-similitud discreta podría ser una nueva propiedad global de la naturaleza. Esto ciertamente haría cambiar nuestra comprensión actual del cosmos.** En primer lugar, proporcionaría un nuevo enfoque hacia una comprensión más unificada de la naturaleza, ya que **la auto-similitud cosmológica implica la física análoga a todas las escalas observables.** También implicaría que, el supuesto actual de que **la jerarquía universal tiene "fronteras" en nuestros límites actuales de observación**, un supuesto que siempre me ha parecido sospechosamente antropocéntrica, **debe ser cuestionada.** Si se verifica la auto-similitud cosmológica, entonces parecería más probable que **las escalas adicionales subyacen en la escala atómica y abarcan la escala galáctica.** De acuerdo con este nuevo paradigma, [...], **parece surgir una nueva geometría fractal de espacio-tiempo-materia.**
Si los experimentos de micro-lente verificaran las predicciones mencionadas anteriormente, todavía estaríamos ante algunas preguntas importantes y muy difíciles de contestar. **¿Cuántas escalas hay en total, un número finito o "mundos dentro de mundos" sin fin?** ¿Qué tan fuerte es el grado de auto-similitud entre análogos? **¿Por qué es la naturaleza auto-similar?**, y ¿por qué las escalas están separadas por un **factor de aproximadamente 5x10 e +17?**.
Algunos podrían argumentar que el paradigma cosmológico auto-similar es demasiado fantástico para ser verdad, que es demasiado especulativo para merecer una atención seria. Pero, ¿es más fantástico o especulativo que las otras teorías de Alicia en el País de las Maravillas: como las cuerdas cósmicas, materia oscura, los "multi-versos", etc. Probablemente no, si se juzga de manera objetiva, y si el modelo auto-similar puede hacer predicciones definitivas y apoyarse en la observación real. Es posible que la naturaleza realmente produzca **"mundos dentro de mundos", estructura propia de un sistema fractal.** Ciertamente **hay suficientes evidencias que apoyan la consideración seria de la cosmología discreta de auto-similitud. Y pronto, a través de experimentos de micro-lente, dispondremos de un veredicto de la naturaleza en esta hipótesis.**

TEORIA DE RELATIVIDAD DE ESCALA

La **Teoría de la Relatividad de Escala** es una **teoría del espacio-tiempo geométrica y fractal**. La idea de una Teoría del Espacio-Tiempo Fractal fue introducido por primera vez por Granate Ord, y por Laurent Nottale en un artículo con Jean Schneider. La propuesta de combinar la teoría del espacio-tiempo fractal con los principios de la relatividad fue realizada por Laurent Nottale. La teoría de la Relatividad de Escala resultante **es una extensión del concepto de la Relatividad,** que tenemos en la Relatividad Especial y la Relatividad General, **a las escalas físicas** (escalas de tiempo, longitud, energía, o momento). En la física, las teorías de la relatividad han demostrado que la posición, la orientación, el movimiento y la aceleración no pueden ser definidos de una manera absoluta, sino sólo en relación con un **Sistema de Referencia**.

Ante la Relatividad Escalar, las otras formas de relatividad son sólo un paso previo. **La Teoría de la Relatividad Escalar propone hacer el siguiente paso,** mediante la aplicación de esta simple idea formalmente en la teoría física, **al introducir explícitamente en los sistemas de coordenadas el estado de "la Escala".**

Describir las transformaciones de escala requiere el uso de geometrías fractales, que normalmente tienen que ver con los cambios de escala. **La Relatividad de Escala es por lo tanto una extensión de Teoría de la Relatividad al concepto de la <u>Escala</u>, utilizando geometrías fractales para estudiar las transformaciones de escala.**

El **Principio de la Relatividad** dice que las leyes físicas deben ser válidas en todos los sistemas de coordenadas. Este principio se ha aplicado a los estados de posición (el origen y la orientación de los ejes), así como a los estados de movimiento de los sistemas de coordenadas (velocidad y aceleración). **La Relatividad de Escala propone,** de una manera similar, **el considerar a la escala relativa, y no absoluta.** Sólo los ratios (variaciones) de escala tienen un significado físico, nunca una escala es absoluta, de la misma forma que no existe ninguna posición o velocidad absoluta, sino sólo variaciones de posiciones o velocidades.

Si Einstein mostró que el espacio-tiempo se curva, Nottale muestra que no sólo es curvo, sino también fractal. **Esto significa que el espacio también depende de la escala.** (Ver Anexo 5)

Relatividad de Escala vs DSR:

Ambas teorías han identificado la longitud de Planck como una escala mínima fundamental. Sin embargo, como dice Nottale: *"la principal diferencia entre el enfoque DSR y el de la Relatividad de Escala es que este último ha identificado la cuestión de definir una longitud de escala "invariante", como una consecuencia de la relatividad escalar."*

Relatividad de Escala y el espacio-tiempo Fractal: un nuevo enfoque para la unificación de la Relatividad y la Mecánica Cuántica. 2011 1st ed. World Scientific Publishing Company (Laurent Nottale, 2011):

*"Este libro ofrece un estudio exhaustivo de la **evolución de la teoría de la relatividad escalar y del espacio-tiempo fractal**. Se sugiere una **solución original a la naturaleza "no-unificada" de la transición clásico-cuántica** en sistemas físicos, permitiendo ensamblar las bases de la mecánica cuántica con el principio de la relatividad, a condición de que este principio se extienda con transformaciones de escala del sistema de referencia. **En el marco de una teoría de la relatividad recién generalizada** (incluyendo la posición, la orientación, el movimiento y ahora las transformaciones de escala), **las leyes fundamentales de la física pueden dar una forma general que unifica,** y que, por lo tanto, va más allá de los **regímenes clásicos y cuánticos** tomadas por separado. Otra propuesta de este libro es que la **geometría del espacio-tiempo se describe como fractal y no diferenciable**. Recoge y organiza desarrollos teóricos y aplicaciones en muchos campos, incluyendo la física, las matemáticas, la astrofísica, cosmología y ciencias de la vida ".*

Algunos otros artículos del mismo autor:

LA TEORÍA DE LA RELATIVIDAD ESCALAR *(Laurent Nottale, 1991)*:

*"Basando nuestra discusión sobre el **carácter relativo de todas las escalas en la naturaleza** y en la **dependencia explícita en la escala de las leyes físicas cuánticas**, aplicamos el **principio de relatividad a las transformaciones de escala**. Este principio, en combinación con su ruptura con la longitud de onda y el tiempo de "Einstein-Broglie", conduce a la demostración de la **existencia de una escala universal, absoluta e infranqueable en la naturaleza, que es invariante bajo la dilatación**. Este límite inferior para todas las longitudes se identifica con <u>la escala de Planck</u>, **jugando ésta ahora el mismo papel para la escala, que juega la velocidad de la luz para el movimiento**. Así obtenemos nuevas transformaciones de escala en forma de Lorentz y generalizamos las relaciones de Broglie y de Heisenberg. Como consecuencia del desacoplo actual de las escalas de altas energías, **la energía y el impulso tienden a infinito cuando la resolución tiende a la escala de Planck**, haciendo ésta el papel del punto cero."*

*"Esta teoría resuelve el problema de la divergencia entre la carga eléctrica y la masa en la electrodinámica, **implica que los cuatro acoplamientos fundamentales (incluyendo la gravitación) convergen en la energía de Planck**, mejora las predicciones del GUT ("Gran Unification Theory", Teoría de la Gran Unificación) con los resultados experimentales, **y permite conseguir estimaciones precisas de los valores de las constantes fundamentales de acoplamiento** ".*

Relatividad de Escala y espacio-tiempo fractal: teoría y aplicaciones *(Laurent Nottale, 2009)*:

*"... Durante las últimas décadas, las distintas ciencias se han enfrentado a un número cada vez mayor de nuevos problemas sin resolver, de los cuales muchos están vinculados a las preguntas de las escalas. Por lo tanto, parecía natural, con el fin de hacer frente a estos problemas a un nivel de principio fundamental, el **extender las teorías de la relatividad mediante la inclusión de la escala en la propia definición del sistema de coordenadas** para, a continuación, dar cuenta de estas transformaciones de escala de una forma relativista. "*

10. LAS CONSTANTES DE NUESTRO UNIVERSO

Nuestro Universo tiene unos valores **constantes fundamentales** que rigen sus principios básicos ("Las constantes de la naturaleza", John D. Barrow, 2002):

G =   Constante gravitacional = $6,67.10$ e-11 N.m2 / kg.s2
c =   Velocidad de la luz = 300,000 km / s
h =   Constante de Planck = $6,63.10$ e -34 J.s
e =   Carga del electrón = $1,6.10$ e -19 C
Mpr =   Masa Protón(neutron) = $1,67.10$ correos 27 kg
Npr =   Número de protones en nuestro universo = 10 e +80

Las anteriores constantes conducen a otras constantes o relaciones fundamentales:

α = Constante de estructura fina = 2πe2 / hc = 1/137
α_g = Constante de estructura gruesa = G.Mpr2 / hc = 10 exp -38
β = Relación entre la masas protón-electrón = Mpr / I = 1.840

Pero **se desconoce si estos valores han sido siempre constantes**, o si han variado (evolucionado) desde el Big Bang hasta nuestros días, y si seguirán evolucionando en el futuro.

Otro valor "constante" a considerar es la **Constante Cosmológica (Λ = 10 e-116 J).** Es la energía que produce la expansión actual del universo (que podría ser equivalente a la energía del vacío). **Sabemos que este valor en sí ha ido cambiando desde el Bigbang.**

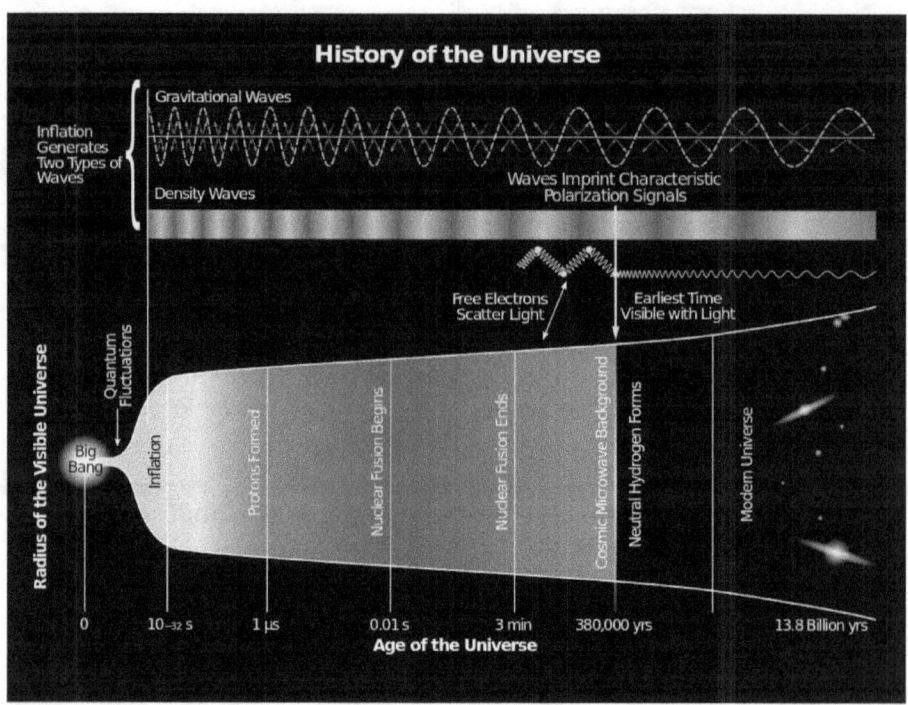

Fig.28: La expansión de Nuestro Universo desde el BB

Estas constantes son características actuales (propias) de Nuestro Universo, y para el momento actual desde el Big-bang. Estamos bastante seguros de que **pueden ser diferentes en otros universos "de bolsillo"** del Paisaje Cósmico, y, por otro lado, **no podemos estar seguros de que todas ellas se han mantenido constantes desde el Big-Bang.**

Por lo tanto, estas constantes tan habituales para nosotros como la gravitacional (G) y la velocidad de la luz (c) pueden ser diferentes en otros universos "de bolsillo", e incluso pueden haber variado en Nuestro Universo desde el Big-bang, o hasta también **podrían ser diferentes para los diferentes espectros de escala del Universo Global**.

> - **Las constantes de Nuestro Universo (G, c,...) podrían variar con la escala (?).**
>
> - **En otros Paisajes (Cósmico, Planck,...) pueden aparecer nuevas constantes que no podemos prever ahora.**

Y algo parecido podría ocurrir con las otras constantes, tales como el número de protones (+ neutrones) de nuestro universo, masas y cargas eléctricas de los protones y electrones, etc.

¿Podemos considerar que el **número de protones y electrones** han sido los mismos desde el Big-bang ? ¿Serán los mismos en el futuro?. O, ¿tanto los protones como los electrones aumentan con la expansión de Nuestro Universo?. En este último caso, ¿se autogeneran de la nada? , ¿o provienen de fuera de Nuestro Universo?.

Por otra parte, ¿existirán partículas tales como el electrón y el proton en otros Universos?. O ¿habrán otras **partículas similares pero con masas y cargas eléctricas diferentes**, formando una química totalmente diferente a la que conocemos?

Estas **"constantes" fundamentales**, lo son (constantes) y nos sirven para comprender y parametrizar Nuestro Universo, y para el instante actual de evolución (expansión) del mismo, pero **pueden ser diferentes para otros Universos, o para otros instantes de la evolución (expansión) del Nuestro.**

LA CONSTANTE DE INCERTIDUMBRE DE EDDINGTON

Aunque, posiblemente, estén fuera del objetivo de este libro, me gustaría presentar en esta sección una referencia a algunos **valores o constantes de "incertidumbre" de Nuestro Universo**. A pesar de que no están científicamente probadas y aceptadas (y también que no son considerados por la "corriente principal"), éstas han sido consideradas, estudiadas y definidas por dos grandes físicos y matemáticos pertenecientes a diferentes épocas: **Pitágoras y Sir Arthur Eddington** (*"The Crystal Sun "*, Robert Temple, 2000). **Estos valores nos da una idea de una posible desviación entre la teoría y la realidad esperada.**

> **La Coma de Pitágoras** *(siglo VI aC)*, **equivalente a 1.0136**. *Esta constante revela la diferencia en el* <u>sonido</u> *que se produce al final de siete octavas (=7 x 6 tonos = 42), en comparación con el* <u>sonido</u> *que se produce al final de doce quintas (=12 x 3,5 tonos = 42) que, en teoría, deberían ser exactamente el mismo, pero que en la práctica no lo es (por lo que el valor teórico de la Coma debería ser exactamente = 1).*

La **Constante de Incertidumbre de Sir Arthur Eddington** (propuesta en su último libro póstumo ***"Teoría Fundamental", 1953***), equivale a **9.604 x 10 e-14** ,. Esta constante **mide también la discrepancia entre la realidad y los valores teóricamente esperados** (Los valores reales medidos vs valores teóricos calculados). Arthur Eddington argumentó la desviación por el hecho de que **el verdadero marco físico de coordenadas tiene una desviación "sigma" estándar sobre el marco geométrico puro y teórico**. Debido a que, en el marco teórico, su origen es un punto geométrico puro, mientras que en el marco real, su origen tiene una probabilidad de distribución "sigma" desde el punto teórico.

Esta explicación de Arthur Eddington, nos recuerda a las propuestas de la Mecánica Cuántica y a la Teoría de Cuerdas, en las que un **punto/partícula se sustituye por una función de onda (función "sigma") o una cuerda-membrana.**

Esta constante nos podría mostrar que, posiblemente, nuestra realidad no puede basarse en unas coordenadas físicas fijas y absolutas. Por el contrario, **podrían haber algunas incertidumbres que subyacen en su propia esencia imprecisa** (Principio de Incertidumbre, Cuerdas-branas, Partícula-Onda, Función de Onda, ...).

11. EL TEOREMA DE GÖDEL VS TOE

Como hemos visto, actualmente **existe una incompatibilidad entre la Teoría de la Relatividad** (que explica los fenómenos físicos de escalas grandes) **y la Teoría Cuántica** (que nos permite comprender los fenómenos físicos de las escalas más pequeñas).

Las **TOEs o Teorias del Todo ("Theories of Everything"),** como la Teoría de Cuerdas o Teoría M, **son teorías físicas que intentan unificar ambas teorías,** dando una explicación global a los fenómenos físicos de todas las escalas del Universo.

Algunos científicos (por ejemplo, S. Hawking) creen que el **Teorema de Incompletitud de Gödel implica que cualquier intento de construir una Teoría del Todo está condenada al fracaso.**

> *"Hasta ahora, la mayoría de la gente ha asumido implícitamente que existe una teoría definitiva que, con el tiempo, vamos a descubrir. De hecho, yo mismo he sugerido que podríamos encontrarla muy pronto. Sin embargo, la teoría-M ha hecho que me pregunte si esto es cierto.* **Tal vez no es posible formular la teoría del universo en un número finito de estados**. *Esto nos recuerda al* teorema de Gödel. *Este dice que* **cualquier sistema finito de axiomas, no es suficiente para probar todos los resultados en matemáticas** *" (Stephen Hawking: Gödel y el fin de la física, 2002).*
> *http://www.damtp.cam.ac.uk/events/strings02/dirac/hawking/*

Stephen Hawking fue originalmente creyente de una Teoría del Todo (TOE), pero después de aceptar el teorema de Gödel, concluyó que no se podía obtener. Hasta que se dio cuenta de la implicación del teorema de incompletitud de Gödel, asumió implícitamente que se encontraría un TOE, probablemente confiando en lo que puede denominarse como "intuición científica". De acuerdo con S. Hawking, la filosofía positivista de la ciencia es que toda buena teoría física es un modelo matemático. Y puesto que, **de acuerdo con el Teorema de Incompletitud de Gödel**, hay resultados matemáticos que no se pueden probar, entonces también deben haber **teorías físicas que no pueden ser probadas, incluyendo los TOEs.**

El Teorema de Incompletitud de Gödel esencialmente dice que generalmente (bajo ciertas condiciones) **las teorías matemáticas (fisicas) son inconsistentes e incompletas.** Y se puede concluir que **toda Teoría Matemática (o Física) no es posible ser demostrada mediante sus propios axiomas.**

---

*Los teoremas de incompletitud de **Gödel** establecen ciertas limitaciones sobre lo que es posible demostrar mediante un razonamiento matemático. Para hablar con precisión sobre qué «puede demostrarse» o no, se estudia un modelo matemático denominado **teoría formal** que consta de una serie de **signos** y **reglas** que forman las **fórmulas**, y de ciertas sucesiones de fórmulas que generan **demostraciones**. Los **teoremas** de una cierta teoría son entonces todas las fórmulas que puedan demostrarse a partir de una cierta colección inicial de fórmulas que se asuman como **axiomas**.*

*El **primer teorema de incompletitud** establece que, bajo ciertas hipótesis (que sea una **teoría aritmética** -sobre los números naturales- **y recursiva** -que utilice algoritmos-), **una teoría formal no puede ser a la vez: completa** (responda a cualquier pregunta) **y consistente** (no presente contradicciones).*

*El **segundo teorema de incompletitud** establece que **si el sistema de axiomas de la Teoría en cuestión es consistente, no es posible demostrarlo mediante dichos axiomas.** Es un caso particular del primero.*

En el presente libro hemos propuesto que las **TOEs podrían ser sólo teorías que tratan de cubrir una amplia gama de escalas dimensionales del espectro entero del Universo (ejem. desde 10 e-35 a 10 e+30 m).** Pero cada vez que este espectro se ampliara, nuevas leyes y conceptos emergerán (nuevos Paisajes). Por lo que se precisarían de otras leyes y vamos a requerir el desarrollo de nuevos modelos y patrones para entender estos nuevos paisajes / espectros físicos. Lo que implicaría una modificación o ampliación de las TOEs previas. **Si los espectros del Universo fueran infinitos, una TOE única sería imposible.**

Posiblemente el uso de la **Teoría Fractal podría ser un sistema que permita evitar este problema** (incompletitud de Gödel), se podría utilizar la **Teoría Fractal como un sistema "principal" de axiomas**, que simplemente **establecería qué modelos** (sistemas de axiomas) **deberíamos utilizar para cada paisaje** (espectro escalar) como modelo de referencia (sobre la base de algunos patrones subyacentes).

Entonces podríamos tener <u>varios sistemas de axiomas</u>:

- Los diferentes sistemas de modelos para diferentes niveles de escala (Paisajes): **Sistema TOE del Paisaje.**
- Un **Sistema Modelo Fractal** que podría describir cuándo usar los diferentes TOE (dentro de los diferentes niveles de la escala: Paisajes).
- Y, posiblemente, algún **Sistema Subyacente Leyes** que podrían vincular los sistemas anteriores (TOEs y Modelo Fractal).

Sería un **<u>sistema multiple de axiomas</u>** !

---

*Si consideramos como ejemplo el **Juego de la Vida**, ideado por el matemático británico John Horton Conway en 1970.*

Se basa en unos principios muy sencillos y básicos. Pero a medida que se forman las entidades más grandes, también comienzan a aparecer otros conceptos, como el movimiento, tiro, bombardeo, reproducción, ... Y estos conceptos pueden ser explicados por otras leyes que tienen sólo una relación muy subyacente con la ley inicial.

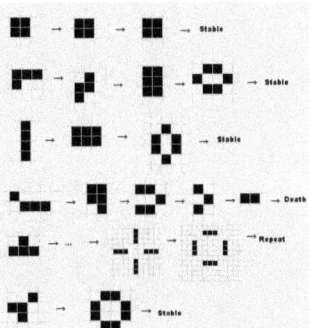

*Este juego comienza con algunos objetos (cuadrados blancos y negros) y reglas (cambiar cuadrados negros y blancos) muy elementales y básicos iniciales (que serían las Leyes subyacentes básicas del juego). **No habría ninguna ley más elemental por debajo de ellas.** Pero sí se pueden obtener leyes que engloben objetos y comportamientos superiores.*

Fig.29: Juego de la Vida (John Horton Conway, 1970)

¿Podemos imaginar que esto también puede ocurrir en Nuestro Universo? ¿Podemos esperar que también hayan algunos objetos (y leyes) básicos y elementales, a partir de los cuales, ya no habría nada más pequeño? **Sólo, si esto fuera así, entonces sí que podríamos pensar en conseguir un TOE basado en estos primarios y básicos objetos (y leyes).**

---

*Puede suceder que **las leyes de la naturaleza no tengan fronteras** (tengan un alcance infinito, y nunca podamos conocerlas en su totalidad), o que estén delimitadas (esta es la opinión de RP Feymann). En este último caso, pueden ocurrir dos cosas: o bien que lleguemos a conocer todas las Leyes de la Naturaleza (TOE), o que los experimentos sean cada vez más complejos y costosos, **y sólo podamos llegar a conocer el 99,99% de los fenómenos (Teoría del Fractal**).*

PARTE III

Esta parte del libro contiene 5 anexos con una explicación más detallada acerca de algunas de las teorías (más novedosas y de actualidad) que hemos tratado en las anteriores 2 partes:

ANEXO 1: TEORÍA MOND
ANEXO 2: TEORÍA DE EMERGENCIA
ANEXO 3: TEORÍA FRACTAL
ANEXO 4: TEORÍA DE BRANAS (CUERDAS)
ANEXO 5: TEORIA DE LA RELATIVIDAD ESCALAR

Comparándolas y relacionándolas con la propuesta principal de este libro: **LA TEORÍA nD-ARCOÍRIS FRACTAL-SCALAR-EMERGENTE.**

También se incluye un ANEXO con un **resumen sobre las Teorías mecánicas Clásica, Relativista y Cuántica,** así como el que pretenden las actuales **Teorías del Todo (*TOE: "Theory Of Everything"*):**

ANEXO 6: TEORÍAS MECÁNICAS

ANEXO1: TEORIA MOND

En este anexo se mostrarán algunas teorías que proponen modificar las actuales Teorías de Newton y Relatividad para grandes escalas (> 10 e +20 m), que podrían explicar algunos de los efectos que aparecen en estas escalas (el movimiento de las galaxias, …).

Se explicarán en forma resumida la teoría MOND, y otras teorías similares, así cómo estas podrían estar relacionadas con el objetivo del presente libro (la Relatividad Escalar y Fractal del Universo).

MOND: PRINCIPIOS BÁSICOS

En física, la **dinámica newtoniana modificada** o **MOND** (Modified Newtonian dynamics) se refiere a una hipótesis que propone una modificación de la segunda ley de Newton para explicar el problema de la velocidad de rotación de las galaxias de manera alternativa a la materia oscura.

Cuando se observó por primera vez que **la velocidad de rotación de las galaxias era uniforme e independiente de la distancia al centro de giro**, esto constituyó un hecho inesperado ya que tanto la teoría newtoniana como la relatividad general sugería que la velocidad de giro de rotación debía decrecer con la distancia. Así por ejemplo, e**n el sistema solar los planetas que orbitan a menor distancia tienen velocidades de giro mayor que los más lejanos.**

El modelo MOND explica satisfactoriamente las curvas de rotación observadas, introduciendo una hipótesis ad hoc: que **la fuerza sobre una partícula no es proporcional a la aceleración para valores muy pequeños de la aceleración**. La escasa motivación independiente de esta teoría, hace que no tenga un amplio apoyo dentro de la comunidad científica, que prefiere algún tipo de **explicación alternativa basada en la materia oscura**.

La "teoría "MOND fue propuesta por Mordehai Milgrom en 1981 para modelar la velocidad uniforme observada en el giro de las galaxias. Su afirmación clave era que la expresión de **la segunda ley de Newton (F = ma) debía ser substituida por una expresión más general del tipo:**

$$\mathbf{F} = m\mu\left(\frac{a}{a_0}\right)\mathbf{a}$$

Donde a_0 es una nueva constante física que debe ser ajustada experimentalmente y $\mu(\cdot)$ es una función con las siguientes propiedades asintóticas:

$$\begin{cases} \mu\left(\dfrac{a}{a_0}\right) \approx 1 & \text{si } |a| >> a_0 \\[4mm] \mu\left(\dfrac{a}{a_0}\right) \approx \dfrac{a}{a_0} & \text{si } |a| \approx a_0 \end{cases}$$

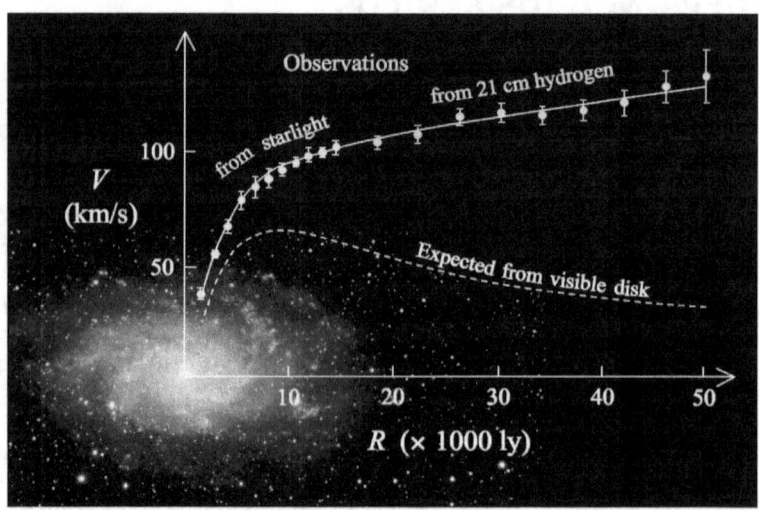

Fig.30: Comparison rotation curves (galaxy M33)

Comparación de las curvas de las rotaciones observadas y esperadas de una galaxia espiral típica M33.

La ley de Milgrom puede interpretarse de dos maneras diferentes.

1. Una posibilidad es tratarlo como **una modificación a la ley clásica de inercia (segunda ley de Newton)**, de modo que la fuerza **F** sobre un objeto no es proporcional a la aceleración (F=m.**a**) del objeto, sino más bien F= m **μ** (**a** / a$_0$) **a**. En este caso, la dinámica modificada sería aplicable, no sólo a los **fenómenos gravitacionales**, sino también a los generados por **otras fuerzas**, por ejemplo el electromagnetismo.

2. Así mismo, la ley de Milgrom se puede entender como di **dejáramos la Segunda Ley de Newton intacta** y en su lugar modificáramos la ley del cuadrado inverso de la gravedad (sobre la atracción de dos masas), de modo que la verdadera fuerza de la gravedad sobre un objeto de masa **m** debido a otro de masa **M** es aproximadamente de la forma **GMm/(μ(a/a$_0$) r2)**. Esta interpretación de la modificación de Milgrom **se aplicaría exclusivamente a los fenómenos gravitacionales**.

Por sí misma, la **ley de Milgrom no es una teoría física completa y autónoma**, sino más bien una variante ad-hoc de una de las varias ecuaciones que constituyen la mecánica clásica. Su estatus dentro de una teoría no relativista coherente de **MOND es similar a la tercera ley de Kepler en la mecánica de Newton**; proporciona una descripción sucinta de los hechos de observación, pero en sí misma debe ser explicada por conceptos más fundamentales situados dentro de la teoría subyacente. Se han propuesto varias teorías clásicas completas (normalmente como la **"gravedad modificada"**, en oposición a la **"inercia modificada"**), que, en general, dan exactamente la ley de Milgrom para situaciones de alta simetría, y se apartan de ella ligeramente para situaciones de baja simetría.

Un subconjunto de estas **teorías no relativistas se han incorporado dentro de las teorías relativistas**, siendo capaces de relacionarse con los fenómenos no clásicos (por ejemplo, las lentes gravitacionales) y la cosmología. El distinguir entre ambas, la teoría y observación, de estas alternativas, es un tema actual de investigación.

La mayoría de los astrónomos, astrofísicos y cosmólogos aceptan ΛCDM (Materia Oscura, teoría basada en la relatividad general y, por tanto, en la mecánica newtoniana), y están comprometidos con una solución basada en la materia oscura, para explicar estos problemas de movimiento de las galaxias. **MOND, por el contrario, se estudia activamente por sólo un puñado de investigadores.**

La principal **diferencia entre los partidarios de ΛCDM y MOND** está en los que **exigen una explicación cuantitativa y robusta**, y aquellos que **están satisfechos con una explicación cualitativa**, o están dispuestos a dejarlo para el futuro. Los defensores de MOND enfatizan las **predicciones hechas en escalas de galaxias** (donde MOND obtiene sus éxitos más notables) y creen que aún no se ha descubierto un modelo cosmológico coherente para la dinámica de galaxias; los proponentes de ΛCDM (Materia Oscura) requieren altos niveles de precisión cosmológica y argumentan que una solución a nivel escala-galaxia se producirá a partir de una mejor comprensión de la complicada formación de galaxias basada en la astrofísica bariónica (la materia conocida).

PROBLEMAS PENDIENTES PARA MOND

El problema más grave que enfrenta la ley de Milgrom es que **no se puede eliminar por completo la necesidad de la materia oscura en todos los sistemas astrofísicos**: los cúmulos de galaxias muestran una discrepancia de masa residual incluso cuando se analiza el uso de MOND. El hecho de que alguna forma de masa invisible debe existir en estos sistemas resta valor a la elegancia de MOND como una solución al problema de la masa desaparecida, aunque **la cantidad de la masa extra que se requiere es 5 veces menos que en un análisis newtoniano**, y no hay ningún requisito para que la masa que falta sea "no bariónica" (Oscura).

La observación de 2006 de **un par de cúmulos de galaxias que colisionan conocido como el "Cúmulo Bala"** ("Bullet Cluster"), plantea un reto significativo para todas las teorías que proponen una solución de gravedad modificada con el problema de la masa faltante, incluyendo también a MOND. Los astrónomos midieron la distribución de la masa estelar y gas en los cúmulos utilizando la luz visible y de rayos X, respectivamente, y, además, asignaron la correspondiente densidad de materia oscura usando lentes gravitacionales. **En MOND, uno esperaría que la masa perdida** (que es sólo aparente, ya que resulta de utilizar incorrectamente la dinámica newtoniana en vez de utilizar la dinámica MOND) **se centraría en la masa visible. En ΛCDM**, por otro lado, **uno esperaría que la materia oscura compensaría de manera significativa la masa visible** porque los halos de los dos grupos que chocan pasarían uno a través del otro (suponiendo que la materia oscura no colisionara), mientras que el gas del cúmulo interactuaría y terminaría en el centro. Una compensación se ve claramente en las observaciones. Se ha sugerido, sin embargo, que los modelos basados en MOND pueden ser capaces de generar también una compensación en sistemas no claramente esféricos y simétricos, como el Cúmulo Bala.

Varios otros estudios han señalado las dificultades observacionales con MOND. Por ejemplo, se ha afirmado que MOND ofrece un mal ajuste al perfil de dispersión de velocidades de los cúmulos globulares y al perfil de temperaturas de los cúmulos de galaxias, y que se requieren diferentes valores de a0 para que concuerden con las curvas de rotación de las diferentes galaxias, y por lo que **MOND sería naturalmente inadecuado para formar la base de una teoría de la cosmología.**

Además de estas cuestiones de observación, **MOND y sus generalizaciones están plagados de dificultades teóricas.** Varias modificaciones a la relatividad general ,"ad-hoc" y poco elegantes, se requieren para crear una teoría con un límite no relativista y no newtoniano. Todas las diferentes versiones de la teoría ofrecen divergentes predicciones en situaciones físicas simples y por lo tanto **hacen que sea difícil el poner a prueba el marco de manera concluyente.** Y algunas formulaciones (principalmente los basados en la inercia modificada) han sufrido durante mucho tiempo de una **mala compatibilidad con los principios físicos como las leyes de conservación.**

GRAVEDAD TENSOR-VECTOR-SCALAR (TeVeS)

La propuesta de la **Gravedad Tensor-Vector-Escalar (TeVeS),** desarrollado por Jacob Bekenstein en 2004, es una generalización relativista de la propuesta de Mordehai Milgrom, Dinámica Newtoniana Modificada (MOND).

Las **principales características de TeVeS** se pueden resumir de la siguiente manera:

• Como se deriva del principio de acción, **TeVeS respeta las leyes de conservación;**
• En una aproximación a campos gravitacionales débiles, con simetría esférica y solución estática, **TeVeS reproduce la fórmula de aceleración MOND;**
• **TeVeS evita los problemas anteriores para generalizar MOND,** como la propagación superluminal;
• Como se trata de una teoría relativista **TeVeS puede acomodar lentes gravitacionales.**

MOND no es aplicable a escala cosmológica por las mismas razones por las que no lo es la teoría de Newton. Se requiere una versión de covarianza, como la relatividad general de Einstein. La **Teoría Jacob Bekenstein Tensor-Vector-Escalar (o TeVeS) es la versión de covarianza más aceptada.**

TEORÍA GRAVEDAD MODIFICADA (MOG)

Ker Than, Oct.2007, SPACE.COM
(Ver Enlace: http://www.space.com/4554-scientists-dark-matter-exist.html)

Dos astrónomos canadienses piensan que hay una buena razón para explicar porqué **la materia oscura** (la sustancia misteriosa que se cree que compone la mayor parte de la materia del universo) nunca se ha detectado directamente: **simplemente no existe**.

La materia oscura fue propuesta para explicar cómo las galaxias se mantienen unidas. **La materia visible de las galaxias contenida en sólo las-estrellas, el gas y el polvo, no es en absoluto suficiente para mantenerlos juntos**, por lo que los científicos pensaron que debería haber algo invisible que ejerce más gravedad y que es fundamental de todas las galaxias.

En Agosto 2007, un astrónomo de la Universidad de Arizona en Tucson y sus colegas informaron de que **una colisión entre dos enormes cúmulos de galaxias**, a 3 mil millones de años-luz de distancia, conocido como **el Cúmulo Bala ("Bullet"), había causado nubes de materia oscura diferenciable de la materia normal**. Muchos científicos dijeron que las observaciones eran la prueba de la existencia de la materia oscura, y fue un duro golpe para las explicaciones alternativas que pretenden acabar con la materia oscura, como las teorías de gravedad modificada.

Pero John Moffat, un astrónomo de la Universidad de Waterloo en Canadá, y Joel Brownstein, su estudiante graduado, **dicen que esos anuncios fueron prematuros.**

En un estudio detallado en la edición de la revista *"Monthly Notices" de la Royal Astronomical Society noviembre de 2007*, estos astrónomos dicen que su **Teoría de Gravedad Modificada (MOG) puede explicar la observación Cúmulo Bala**. MOG se diferencia de otras teorías de la gravedad modificadas en detalles, pero es similar en que **predicen que la fuerza de gravedad cambia con la distancia.**

"La Gravedad en MOG es más fuerte a medida que nos alejamos del centro de la galaxia de lo que es con la Gravedad Newtoniana", explicó Moffat. *"Este aumento de gravedad imita los efectos que produciría la materia oscura, y hace que, para las leyes de Einstein y Newton, la gravedad aumente debido a esta materia oscura. Si hubiera más materia, se tendría más gravedad. Mientras que **para [Mof-***

fat], que dice que la materia oscura no existe , es la gravedad lo que cambia ".

Usando imágenes del Cúmulo Bala ("Bullet") hechas por el Hubble, Chandra, de rayos X, y los telescopios espaciales Spitzer y el telescopio Magallanes en Chile, **los científicos analizaron la forma en que la luz (del fondo de la galaxia) se desviaba por la gravedad del cluster,,** por el efecto conocido como **lente de gravedad.** La pareja llegó a la conclusión de que **la materia oscura no era necesaria para explicar los resultados.**

*"Usando la teoría de la **Gravedad Modificada**, la materia "normal" en el Cúmulo Bala es suficiente para explicar el efecto de lente gravitacional observada",* dijo Brownstein. *"Si continuamos con la búsqueda, y después de analizar otros cúmulos de galaxias en fusión, **podremos decidir si la materia oscura o la teoría MOG ofrece la mejor explicación de la estructura a gran escala del universo."***

Moffat compara el interés moderno por la materia oscura con la insistencia de los científicos en el siglo 20 por la existencia de un **"éter lumínico,"** una sustancia hipotética pensada para llenar el universo, y a través de la cual se pensaba que se propagaban las ondas de luz. *"Los científicos conocieron la relatividad especial, pero no estaban dispuestos a ceder al éter. **Pero entonces llegó Einstein y dijo que no necesitábamos el éter.** El resto es historia".*

Douglas Clowe, el astrónomo principal del equipo que vincula las observaciones del Cúmulo Bala con la materia oscura (y ahora en la Universidad de Ohio), dice que sigue en pie con su propuesta original. Para él y muchos otros astrónomos, **la evocación de nuevas partículas que podrían explicar la materia oscura es más aceptable que cambiar toda una teoría fundamental de cómo funciona el universo:**

"En lo que a nosotros respecta, [Moffat] no ha hecho nada que nos haga retractar de nuestra afirmación anterior de que el Cúmulo Bala nos muestra que tenemos que tener en cuenta la materia oscura", dijo Clowe. *"Todavía **estamos abiertos a la modificación de la gravedad para reducir la cantidad de materia oscura,** pero estamos bastante seguros de que **debemos tener la mayor parte de la masa del universo todavía en alguna forma de materia oscura".***

Fig.31: Imagen del Cúmulo Bala ("Bullet Cluster")

Una imagen del Cúmulo Bala ("Bullet"), un cúmulo de dos galaxias (muy estudiadas) que han chocado de frente. Una de ellas ha pasado a través de la otra, como una bala atraviesa una manzana, y se cree que muestra claros signos de materia oscura (azul) separados de los gases calientes (rosa).

Credit: X-ray: NASA/ CXC/ CfA/ M.Markevitch, Optical and lensing map: NASA/ STScI, Magellan/ U.Arizona/ D.Clowe, Lensing map: ESO/WFI

FRANCISCO R. VILLATORO. NAUKAS BLOG, 2011 (*http://francis.-naukas.com/2011/03/02/por-que-la-teoria-mond-requiere-la-existencia-de-la-materia-oscura/*)

*"Mordehai Milgrom, propuso en 1983 que **las leyes de Newton no eran correctas en una escala galáctica**, llamada Dinámica Newtoniana Modificada (MOND), que ayuda a explicar las curvas de rotación galáctica utilizando únicamente la materia visible (sin usar la materia oscura que Fritz Zwicky presentó para explicar las velocidades orbitales de las galaxias en los cúmulos de galaxias y curvas Vera Rubin aplicadas a la velocidad de las estrellas en las galaxias). **MOND funciona bien para las escalas "intermedias" de las gala-***

*xias individuales, pero no te dice mucho sobre **el universo a gran escala de los cúmulos de galaxias y superiores, donde el universo está bien descrito por la teoría de la materia oscura**".*

*"Pero **MOND no implica que no exista la materia oscura**. La teoría **MOND no explica la anisotropía en el fondo cósmico de microondas (CMB) que son sensibles a la existencia de la materia oscura en el universo temprano**. Los extraños picos impares multipolares del espectro son más altos en el CMB, mientras que los picos pares son más bajos en el universo temprano dominado por la materia oscura, en oposición a un universo dominado por la materia ordinaria (como en la teoría original MOND). En realidad, **la "teoría" MOND no es una teoría aplicable a nivel cosmológico**; tienemos que utilizar la teoría TeVeS Bekenstein (la versión covariante más aceptada de la "teoría" MOND). Como muestra la figura, MOND (TeVeS) contradice los datos obtenidos por el satélite WMAP de la CMB, por lo que MOND (sin materia oscura) es una teoría incorrecta (por lo menos a escala cosmológica). Por lo tanto, **muchos físicos especialistas en MOND creen también que la materia oscura existe y que es una parte integral de MOND**, pero no es necesaria para explicar las curvas de rotación galáctica; **la materia oscura en MOND sólo es necesaria para escalas cosmológicas, y para explicar la dinámica de los cúmulos de galaxias, supercúmulos y CMB** ".*

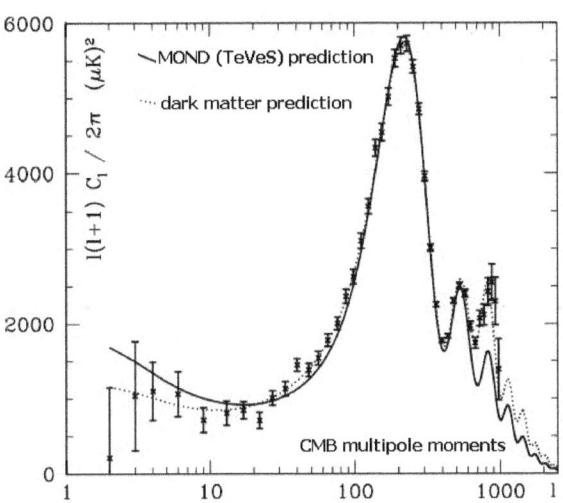

Fig.32: Predicciones MOND (TeVeS) vs Materia Oscura.

LA TEORIA MOND (y MOG) vs ARCOÍRIS FRACTAL

Las **diferentes teorías físicas** que proponen cambios en las teorías actuales para los **diferentes paisajes escalares del universo** (para grandes escalas: MOND, TeVeS, MOG, …; y para pequeñas escalas: DSR, …), deberían ser consideradas como **posibles teorías o leyes emergentes que varían de acuerdo a la escala.**

MOND modifica la ley de Newton para aceleraciones muy bajas, por lo que deberíamos ser capaces de **conectar esta aceleración con una cierta distancia** (posible **distancia al centro de la galaxia**).

Deberíamos ver si las leyes de Newton-Einstein sufren variaciones (cambios) en función de la escala espacial de referencia:

- **Ley de Newton (y Einstein)** parece funcionar perfectamente para explicar los fenómenos dinámicos en **escalas de hasta el tamaño del Sistema Solar (max. 10 e +15 m).**

- Desde esta distancia deberíamos considerar la **Ley MOND**, que debería explicar los fenómenos dinámicos entre las escalas de **10 e +15 hasta la escala de 10 e +20 m (galaxias).** Y en concreto la rotación de las estrellas a partir de cierta distancia al centro de la galaxia.

- En el caso de estar **por encima de ésta escala (10 +20 m), hasta los confines de nuestro universo (10 +27 m),** otras leyes dinámicas (**TeVeS ,...**) podrían describir mejor los fenómenos de los cúmulos.

- Y **por encima de estas escalas (> 10 e 30 m) aparecerán** otras **nuevas leyes emergentes** para explicar nuevos fenómenos emergentes que no podemos prever por ahora.

Como ya hemos visto en el capítulo 5:

Las leyes físicas de la dinámica (y la Gravitación Universal) han variado con el tiempo, e incluso Einstein ya había propuesto que todavía tenían que evolucionar:

ARISTÓTELES: $F = m.v$
NEWTON: $F = m.a$
EINSTEIN. $E = m.c^2$ (*)
MOND: $F = m.a. (A / A_0)$
Arcoíris Fractal: F = f (escala) = m.a. (factor de escala)

(*) Esta ecuación no corresponde al mismo concepto dinámico pero presenta muchas similitudes.

Otra opción sería la posibilidad de considerar que **G (la Constante Gra-vitacional) variara su valor con la escala.** Si consideramos el espacio fractal, pudiendo producir ciertas pérdidas de energía, al aumentar la distancia entre dos objetos, podría aumentar esta pérdida de energía, disminuyendo **G (Constante Gravitatoria) a distancias cosmológicas. La gravedad se podría perder a través del espacio-tiempo fractal.**

Con lo que la formula de atracción **(F)** entre dos masas **(M** y **m)** separadas una cierta distancia **(d)** sería:

$$F= G.M.m/d^2$$

Donde **G = f (Escala) = f (d),** aunque sólo detectable para grandes escalas o distancias.

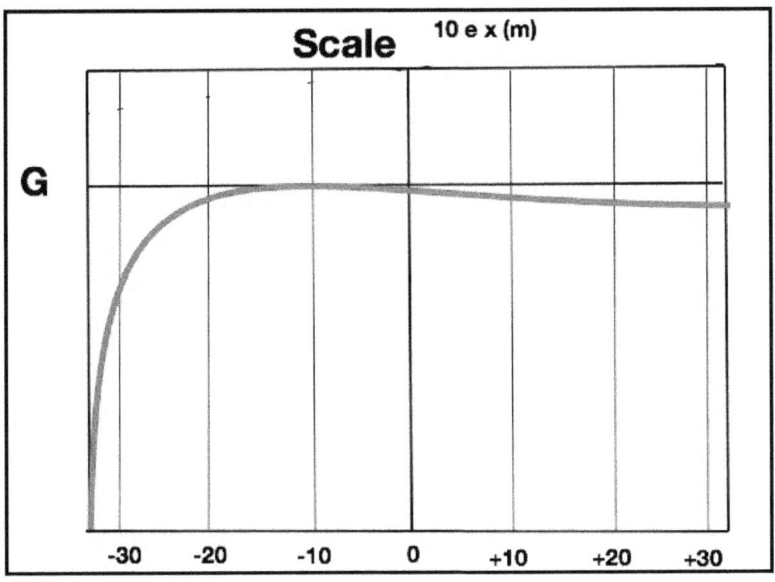

Fig.33: Variación de G (Constante Gravitatoria) con la escala

ANEXO 2: TEORÍA DE LA EMERGENCIA

En el presente anexo se expone un resumen sobre la Teoría de la Emergencia, y otras teorías similares, y cómo esta teoría podría estar relacionada con el objetivo del presente libro (la Relatividad Fractal y Escalar del Universo).

Como hemos visto la emergencia (física) es uno de los principales conceptos tratados en la propuesta del presente libro, y merece un anexo propio para comprenderla mejor.

CONCEPTO DE EMERGENCIA

El mensaje central del libro **"Un universo diferente"** (del premio Nobel de Física 1998, R. Laughlin, 2007) **es que la frontera real de la ciencia no está en lo pequeño, si no en lo complejo.** Cuando se añaden muchos átomos para formar un sólido o un tejido biológico, se obtienen nuevos principios de organización que no se derivan rigurosamente de las leyes microscópicas, y que su sentido no se deriva de estos sistemas de partículas básicas.

Laughlin insiste en que la investigación de **estos conceptos que operan en la compleja organización de la materia son tan "fundamentales" como lo puedan ser las fuerzas elementales.** Si tomamos a la ciencia como un todo, **la idea de emergencia**, en la que el todo es más que las partes, **es mucho más relevante que el reduccionismo**, ya que **casi toda la actividad científica**, incluyendo la física, **trata con conceptos emergentes**. Estos van desde la temperatura de un líquido, a la resistencia de un edificio, a través de una morfología de la flor. En el *"Un universo diferente"* propuesto por Laughlin, la ciencia se ha reconciliado con el sentido común, porque **toda nuestra percepción de la realidad se basa en conceptos y leyes emergentes.**

La emergencia es un proceso mediante el cual surgen entidades ,patrones y regularidades de mayor tamaño, a partir de entidades más pequeñas o más simples, sin que ellas mismas presenten tales propiedades.

La **emergencia** hace referencia a aquellas **propiedades o procesos de un sistema *no reducibles* a las propiedades o procesos de sus partes constituyentes.** El concepto de emergencia se define en oposición a los conceptos de reduccionismo y dualismo, y considera que *"el todo, es más que la suma de las partes".*

EMERGENCIA FUERTE Y DEBIL

El uso de la noción general de **"emergencia"** puede subdividirse en dos perspectivas, la de **"emergencia débil"** y **"emergencia fuerte".** En términos de sistemas físicos, **emergencia débil es un tipo de emergencia en la que la propiedad emergente es susceptible de simulación por ordenador.** Esto se opone a la noción de **emergencia fuerte**, en la que **la propiedad emergente no puede ser simulada por una computadora**.

Para los dos casos (débil y fuerte) la **emergencia se refiere a nuevas propiedades producidas al crecer el sistema**, es decir, las que no son compartidas con sus componentes o estados previos. (Bedau 1.997).

La Emergencia Débil describe nuevas propiedades que surgen en los sistemas como resultado de las interacciones a nivel elemental. Sin embargo, se estipula que **las propiedades se puedan determinar mediante la observación o simulación del sistema**, pero no por cualquier proceso de análisis *"a priori".*

*Se habla de **emergencia débil** cuando existen propiedades que son identificadas como emergentes por un observador externo pero que **pueden explicarse a partir de las propiedades de los constituyentes primarios del sistema**. Es el caso de la cristalización de las moléculas de agua: las cualidades del cristal no pertenecen ni al hidrógeno ni al oxígeno, pero pueden explicarse y predecirse a partir de ellos.*

Fig.34: Ejemplo de emergencia débil (cristalización del agua)

La formación de complejos patrones simétricos y fractales por los copos de nieve es un ejemplo de emergencia débil de un sistema físico.

La **Emergencia Fuerte** describe la generación causal directa de un sistema de alto nivel a partir de sus componentes, donde las propiedades producidas son irreductibles a las partes constituyentes del mismo sistema (Laughlin 2005). **El conjunto es más (diferente) que la suma de sus partes.** Un ejemplo de la física de dicha emergencia es el comportamiento general (no cristalización) del agua, siendo aparentemente impredecible, incluso después de un estudio exhaustivo de las propiedades de sus átomos constituyentes de hidrógeno y oxígeno. No puede existir ninguna simulación del sistema basada en una reducción del sistema en sus partes constituyentes (Bedau 1,997).

Sin embargo, *"el debate sobre si el todo se puede (o no) predecir a partir de las propiedades de las partes no tiene sentido. **El todo produce efectos combinados únicos, pero muchos de estos efectos pueden ser co-determinados por el contexto y las interacciones entre el todo y su(s) entorno(s)** "*(Corning 2002).

*"**La capacidad de reducir todo a leyes fundamentales simples no implica la posibilidad de empezar de esas leyes y reconstruir el universo.** La hipótesis construccionista se rompe cuando se enfrentan a las <u>dificultades individuales de escala y complejidad</u>. **En cada nivel de complejidad aparecen nuevas propiedades**. La psicología no se basa en la biología aplicada, ni la biología en la química aplicada. Podemos ver que "**el todo" se vuelve muy diferente de la suma de sus partes.** "*(Anderson, 1972).

La plausibilidad de la emergencia fuerte es cuestionada por algunos por contravenir nuestra comprensión habitual de la física.

Mark A. Bedau observa: *"A pesar de que la emergencia fuerte es lógicamente posible, es incómoda como la magia. ¿Cómo puede surgir un poder causal desde abajo, si por definición no es debido a la agregación de las potencialidades del nivel micro? Tales poderes causales serían muy diferentes a cualquier cosa conocida en nuestro alcance científico. Esto nos muestra cómo **la emergencia fuerte incomoda a las formas razonables del materialismo.** Su misterio sólo hace aumentar la preocupación tradicional de que la emergencia implica ilegítimamente conseguir algo de la nada "*.

Mientras tanto, **otros han trabajado para el desarrollo de pruebas analíticas de la emergencia fuerte.** En 2009, *Gu et al.* presentaron una clase de **sistemas físicos que exhiben propiedades macroscópicas no computables**. Llegaron a la conclusión de que:

*"Aunque los conceptos macroscópicos son esenciales para la comprensión de nuestro mundo, gran parte de la física fundamental se ha dedicado a la búsqueda de una 'teoría de todo', un conjunto de ecuaciones que describen perfectamente el comportamiento de todas las partículas fundamentales. La opinión de que éste es el objetivo de la ciencia se basa en parte en el argumento de que dicha teoría nos permitiría, en principio, derivar el comportamiento de todos los conceptos macroscópicos. La evidencia que hemos presentado sugiere que este punto de vista puede ser demasiado optimista. **Una `teoría de todo' es uno de los muchos componentes necesarios para la completa comprensión del universo, pero no es necesariamente la única.** El desarrollo de las leyes*

146

*macroscópicas a partir de los primeros principios puede implicar algo más que una lógica sistemática, y **podría requerir de conjeturas sugeridas de experimentos y simulaciones**"*

Las estructuras emergentes son los patrones que emergen a través de acciones colectivas de muchas entidades individuales. Para explicar estos patrones, se podría concluir, según Aristóteles, que **las estructuras emergentes son distintas de la suma de sus partes,** en el supuesto de que el orden emergente no surgiría si las diversas partes simplemente interactúan independientemente una de la otra. Sin embargo, hay quienes no están de acuerdo. Según este argumento, **la interacción de cada parte con su entorno inmediato provoca una compleja cadena de procesos que pueden conducir al orden de alguna forma.** De hecho, se observan algunos sistemas en la naturaleza que exhiben emergencia en base a las interacciones de las partes autónomas, y algunos otros que exhiben una emergencia de que, al menos en la actualidad, no se puede deducir de esta manera.

EJEMPLOS DE EMERGENCIA EN FISICA

A continuación se relacionan algunos ejemplos de emergencia en física:

- **La mecánica clásica:** Las leyes de la mecánica clásica se puede decir que emergen como un caso límite de las reglas de la mecánica cuántica aplicadas a grandes masas. Esto es particularmente extraño, ya que la mecánica cuántica es generalmente considerada como más complicada que la mecánica clásica.

> *Es evidente que las típicas formulas de la mecánica clásica (dinámica: F=m.a), no se pueden extrapolar de las formulaciones de la mecánica cuántica, mucho más complejas.*

- **Fricción:** Las fuerzas entre partículas elementales son conservativas. Sin embargo, la fricción surge al considerar estructuras más complejas de la materia, cuyas superficies pueden convertir energía mecánica en energía térmica cuando se frota una contra la otra. Consideraciones similares se aplican a otros conceptos emergentes en la mecánica de medios continuos, tales como viscosidad, elasticidad, resistencia a la tracción, etc.

> *Fricción, viscosidad, elasticidad, etc, son consideradas fuerzas "no conservativas" que emergen por la diferente complejidad de asociarse la materia (moléculas).*

- **La temperatura** se utiliza a veces como un comportamiento macroscópico emergente. En la dinámica clásica, una fotografía de los momentos instantáneos de un gran número de partículas en equilibrio es suficiente para calcular la energía cinética media por grado de libertad, que es proporcional a la temperatura. Para un pequeño número de partículas de los momentos instantáneos en un momento dado no son estadísticamente suficiente para determinar la temperatura del sistema.

> *La temperatura no es más que una medición de la energía cinética de las partículas (moléculas) contenidas en un espacio. El concepto temperatura no tiene sentido dentro de una sola molécula. Simplemente emerge al haber muchas moléculas en un mismo espacio.*

En algunas teorías de la física de partículas, incluso las **estructuras básicas tales como la masa, el espacio y el tiempo son vistos como fenómenos emergentes**, que surgen de los conceptos más fundamentales, como el bosón de Higgs o cuerdas. En algunas interpretaciones de la mecánica cuántica, **la percepción** de una realidad determinista, en el que todos **los objetos tienen una posición y momento definidos, es en realidad un fenómeno emergente**, mientras que el verdadero estado de la materia está descrito por una función de onda que no tiene una sola posición o momento. **La química** puede a su vez ser vista como una propiedad emergente de las leyes de la física. **Biología** (incluyendo la evolución biológica) se puede ver como una propiedad emergente de las leyes de la química. Del mismo modo, la **psicología** podría entenderse como una propiedad emergente de las leyes neurobiológicas. Por último, las teorías de libre mercado a entender la **economía** como una característica emergente de la psicología.

EMERGENCIA RESUMEN

Desde la perspectiva del **reduccionismo**, las leyes de la física son las que impulsan el universo, surgen de la nada y todo se deriva de ellas. Mientras que desde la perspectiva de "**emergentismo**", las leyes de la física constituyen normas de comportamiento colectivo que se derivan de las reglas de conducta más primitivas, y son válidas sólo para un número limitado de circunstancias (para un paisaje escalar determinado ?).

- Las **Leyes de Newton** no **son** fundamentales, pero sí **emergentes**, ya que son el resultado de la agregación de la materia cuántica, que fabrica los líquidos y los sólidos, fenómenos colectivos (organizativos) macroscópicos.

- Las moléculas, átomos y partículas subatómicas responden a **las leyes de la** <u>**mecánica cuántica,**</u> **que son sin duda leyes emergentes** debidas a que estas partículas no se comportan como partículas físicas, si no más bien como ondas.
- **El campo de la mecánica cuántica consiste en ondas de "nada",** y trata de explicar por medio de la <u>**dualidad onda-partícula**</u>, un concepto que no existe, y que **sólo sirve para explicar fenómenos inusuales o poco comunes por medio de palabras y conceptos conocidos.**
- **Lo mismo se aplica al principio de incertidumbre. La noción newtoniana de que la posición y la velocidad** caracterizan un objeto es incorrecta (al menos para nuestra escala), y **debe ser sustituida por otro concepto llamado** <u>**función de onda**</u>.
- **Pero, que es una** <u>**onda?**</u> Se entiende como una diferencia de potencial (de un valor) correspondiente a una sustancia (o campo). Pero esta definición no vale para las ondas EM, debido a que no se ha detectado ninguna "sustancia" que permita estas ondas (el "éter".?)
- Por otra parte, **la emergencia de la** <u>**realidad física convencional**</u> **a partir de la mecánica cuántica es difícil de entender.**
- **La teoría de** la gravedad de Einstein (<u>**Relatividad General**</u>) no es una ley fundamental, sino **un principio emergente**: Es una propiedad colectiva de la materia, que constituye el espacio-tiempo, y cuya exactitud es mayor con el aumento de las distancias, y es más baja (o incluso cero) cuando son cortas (o demasiado cortas).
- El <u>**espacio vacío**</u> tiene una estructura cuántica espectroscópica similar a los sólidos y los líquidos ordinarios. Los estudios realizados en grandes aceleradores de partículas (LHC) nos han ayudado a entender que el espacio vacío **es más como el vidrio ordinario, que el vacío ideal de Newton.**

EMERGENCIA vs ARCOÍRIS FRACTAL

El concepto de emergencia (leyes y conceptos) **está en la misma esencia de la propuesta del ARCOÍRIS FRACTAL.**

Es evidente que para cada nivel escalar (Paisaje Escalar) hay diferentes conceptos (cuerdas, partículas, átomos, moléculas, células, planetas, estrellas, galaxias, cúmulos, universos,...), y que tenemos que utilizar diferentes leyes/modelos físicos para interpretar y predecir su comportamiento (CDT, QM, Química, Biología, Newton, Termodinámica, Relatividad, MOND,...).

También es evidente que entre estas leyes (modelos) hay ciertas correlaciones, y que **estas leyes no son independientes unas de otras**, sino que están relacionadas por ciertas leyes subyacentes, que, a menudo, pueden prever las otras, pero no siempre, debido al propio concepto de **Emergencia (débil y fuerte)**, que, a su vez, **podría ser una consecuencia de la Teoría del Caos** (al menos para la emergencia debil).

TEORÍA DEL CAOS

*La **Teoría del Caos** es el campo de las matemáticas que estudia el comportamiento de los sistemas dinámicos que son altamente sensibles a las condiciones iniciales, lo que popularmente se conoce como **el efecto mariposa**. Las **pequeñas diferencias en las condiciones iniciales** (tales como los debidos a errores de redondeo en el cálculo numérico) **dan resultados muy divergentes para este tipo de sistemas dinámicos, lo que hace que la predicción a largo plazo sea, en general, imposible**. Esto sucede a pesar de que estos sistemas sean deterministas, lo que significa que su comportamiento futuro está totalmente determinado por sus condiciones iniciales, sin elementos aleatorios involucrados. En otras palabras, la naturaleza determinista de estos sistemas no los hace predecibles. **Este comportamiento se conoce como el caos determinista, o simplemente el caos.***

*La teoría fue resumida por Edward Lorenz como: Caos: "Cuando **el presente determina el futuro, pero un presente ¨aproximado¨ no determina aproximadamente el futuro.**"*

*Existe un comportamiento caótico en muchos sistemas naturales, como el tiempo y el clima, y la **teoría del caos tiene aplicaciones en diversas disciplinas**, como la meteorología, sociología, física, informática, ingeniería, economía, biología y filosofía.*

Normalmente las leyes de un nivel de escala superior (escala espacial más alta) pueden explicarse (interpretarse) mediante las leyes del nivel de escala inferior (escala espacial menor). Es lo que podría llamarse **"de abajo hacia arriba"**: **de menor a mayor complejidad.** Podemos entender los átomos y las leyes de las moléculas (química), conociendo sus leyes de composición de partículas (electrones, neutrones y protones).

COMPLEJIDAD CONTRA LA SENCILLEZ

No existe una definición absoluta de lo que significa la complejidad; el único consenso entre los investigadores es que no hay un acuerdo sobre la definición específica de complejidad. Sin embargo, una caracterización de lo que es complejo es posible. **La complejidad se utiliza generalmente para caracterizar algo con muchas partes en las que las partes interactúan entre sí de múltiples maneras.** El estudio de estas relaciones complejas en varias escalas es el objetivo principal de la **teoría de los sistemas complejos.**

En la ciencia, desde 2010 hay una serie de enfoques para la caracterización de la complejidad. Neil Johnson afirma que "incluso entre los científicos, no existe una definición única de la complejidad, y la noción científica tradicionalmente se ha transmitido a través de ejemplos concretos ..." En última instancia se adopta la definición de **'ciencia de la complejidad'** como **"el estudio de los fenómenos que surgen de una colección de objetos que interactúan ".**

Warren Weaver en 1948 postuló **dos formas de complejidad**: la complejidad desorganizada, y complejidad organizada. Los fenómenos de **´complejidad desorganizada'** son tratados mediante la teoría de la probabilidad y la mecánica estadística, mientras que los de **´complejidad organizada´** se tratan con fenómenos que escapan a estos enfoques y "tratan simultáneamente con un número considerable de factores que están inter-relacionados dentro de un todo orgánico".

Pero, también podría ocurrir a la inversa, es decir, **"de arriba hacia abajo"**: **de mayor a menor complejidad**. Podemos pronosticar las leyes de composición de las partículas (electrones, protones y neutrones) estudiando el comportamiento de los diferentes átomos y moléculas (que es lo que hizo Dmitri Mendeleyev para desarrollar la tabla periódica de los elementos).

Utilizamos normalmente la segunda manera (de *"arriba-abajo"*) para entender las leyes y conceptos de escalas pequeñas, y por lo general **podemos prever partículas y sus comportamientos, sin ser capaces de observarlos**. Sólo podemos ver por los microscopios de electrones escalas de 10 e-10 m. Aunque podemos detectar las escalas inferiores (10 e-17 m) mediante los colisionadores de partículas de alta energía (LHC-CERN).

Para escalas grandes, hemos podido ver directamente por el telescopio hasta aproximadamente 10 e +20 m (galaxias más cercanas), y por la astro-fotografía (telescopio Hubble) hasta las galaxias más lejanas de nuestro universo (10 + 26 m). Por lo tanto **somos capaces de entender mejor el comportamiento de los objetos y fenómenos a estas altas escalas.**

La mayoría de las veces hemos sido capaces de predecir conceptos (bosón de Higgs, ...) y comportamientos (agujeros negros, ...). Pero a veces no somos capaces de predecir lo que sucederá en otro (mayor o menor) paisaje escalar, ya que su comportamiento es muy complejo de calcular (el clima, ...) o porque aparecen nuevos comportamientos que no se habían previsto (debido al principio del caos).

Me gustaría que el lector piense lo que ocurrirá si el ser humano viviera en un electrón de hidrógeno (con sólo un electrón y un protón) en lugar de la Tierra:

- *El* **tamaño** *del* **electron** *es de 10 e-18 m y el tamaño del* **protón** *(núcleo) será de 10 e-15 m (**1.000 veces más grande**).*
- *Mientras que el* **tamaño** *de la* **Tierra** *es 10 e +7 m y el tamaño del* **Sol** *es 10 e +9 (**100 veces más grande**).*
- *Las* **òrbitas** *de los* **electrones** *alrededor del* **núcleo** *son aprox. de 10 e-11 m (**10.000 veces el tamaño del núcleo**).*
- *Mientras que la* **órbita** *de la* **Tierra** *alrededor del* **Sol** *es de 10 e +10 m (**10 veces el tamaño del Sol**), y Plutón 10 e 12 m (**1.000 veces**).*

Ambos sistemas son muy similares (!), pero **están separados 10 e +25 ordenes de magnitud.**

Si viviéramos en un electrón, ¿Seríamos capaces de pronosticar o ver las estrellas y las galaxias?

Si hoy en día somos capaces de comprender hasta 10 e +27 m de la Tierra (10 e +20 veces el tamaño de la Tierra), de forma proporcional, desde el electrón seríamos capaces de comprender 10 e+20 veces el tamaño de los electrones: **Como mucho 10 e +2 m (sólo 100 metros !).**

CONCLUSIONES

A partir de las consideraciones anteriores, **podemos concluir los siguientes conceptos:**

- En cada espectro escalar (paisaje), **pueden regir leyes o eventos** que, si bien pueden ser explicados por las leyes subyacentes de espectros inferiores, **no siempre se pueden extrapolar ("a priori") a partir de ellos.**

- Podríamos decir que **conceptos** (como la energía, materia, espacio, tiempo, velocidad, ...), **y teorías o leyes** (como Newton y la teoría de Maxwell, la termodinámica, ...) sólo son válidos para el espectro de escala humana, pero **pueden no tener ningún significado, como tal, en otro (mayor o menor) espectro escalar.**

- Para las **escalas cuánticas** (10 e -20 a la 10 e -35 m) estos conceptos podrían no tener sentido, y posiblemente las Leyes (1ª y 2ª) de la termodinámica podrían no ser válidas. **Son leyes y conceptos emergentes.**

- Posiblemente, a **niveles de escala más altos** (> 10 e+20 m), estas leyes y conceptos también ya no tendrán sentido, y **aparecerán otras leyes y conceptos que explicarán mejor los acontecimientos que se producen.**

- También **el tiempo**, que parece ser una consecuencia del calor (entropía), **sólo tiene sentido en las escalas** en las que el concepto "calor" pueda ser considerado, y **en el que las leyes de la termodinámica se puedan aplicar.**

- La **gravedad** también puede ser considerada como un **efecto de la masa (energía)**, característica de nuestra escala. **Es una fuerza emergente, no fundamental.** *La Gravedad emerge al emerger la materia y la masa.*

- El **vacío puede ser considerado como otro tipo de fase del espacio.** Aunque, para el punto de vista de nuestra escala, en el vacío no hay "nada", esto no es cierto para las escalas cuánticas, donde se detectan **las fluctuaciones cuánticas, que pueden ser consideradas como efectos emergentes típicos de estas escalas.**

- Puede suceder que **las leyes de la naturaleza no tengan fronteras** (tengan un alcance infinito, y nunca podamos conocerlas en su totalidad), o **que estén delimitadas** (esta es la opinión de RP Feymann). En este último caso, pueden ocurrir dos cosas: o bien que **lleguemos a conocer todas las Leyes de la Naturaleza (TOE)**, o que los experimentos sean cada vez más complejos y costosos, y sólo podamos llegar a conocer el 99,99% de los fenómenos (**Teoría del Fractal**).

154

ANEXO 3: TEORÍA FRACTAL

En este anexo se explicará brevemente la Teoría Fractal, y la forma en que se podría relacionar con el objetivo del presente libro (la **Relatividad Escalar del Universo**).

La **Teoría Fractal** es uno de los principales conceptos considerados en el presente libro. Se propone que pueda ser una **herramienta matemática que podría ayudar a comprender y estructurar el conjunto de leyes del Universo Global (y Escalar), donde la escala espacial fuera una variable a ser considerada.**

EL COCEPTO DE FRACTAL

Un **fractal** es un fenómeno natural o un conjunto matemático que muestra un patrón de repetición que se repite a todas las escalas. También se conoce como la **ampliación de simetría o la evolución de simetría.** Si la replicación es exactamente la misma en todas las escalas, se llama **patrón auto-similar.** Un fractal también puede ser **"casi" el mismo** para los diferentes niveles. Los fractales incluyen también la idea de **un patrón que se repite.**

Según Falconer, a parte de estar estrictamente definidos, los fractales deben, **ser no-diferenciables.**

La **Auto-similitud**, se puede manifestar como:

• <u>**Auto-similitud exacta**</u>: idéntica en todas las escalas; por ejemplo el copo de nieve de Koch:

Fig.35: Auto-similitud exacta

• <u>**Cuasi auto-similitud**</u>: Se aproxima el mismo patrón en distintas escalas; puede contener pequeñas copias de todo el fractal en formas distorsionadas y degeneradas; por ejemplo, los satélites del conjunto de Mandelbrot son **aproximaciones de todo el conjunto, pero no copias exactas.**

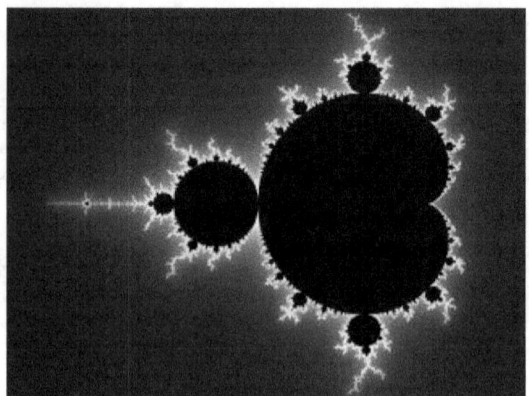

Fig.36: Quasi auto-similitud

• **Auto-similitud Estadística**: Es el tipo más débil de autosimilitud: se exige que el fractal tenga medidas numéricas o estadísticas que se preserven con el cambio de escala. Los fractales aleatorios son ejemplos de fractales de este tipo.

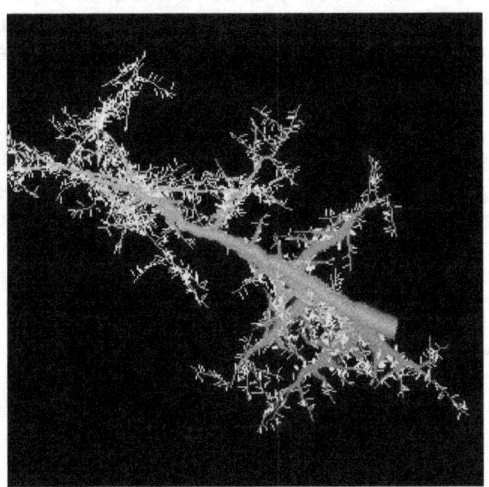

Fig.37: Auto-similitud estadística

• **Escalado Multifractal:** se caracteriza por más de una dimensión fractal o regla de escalado

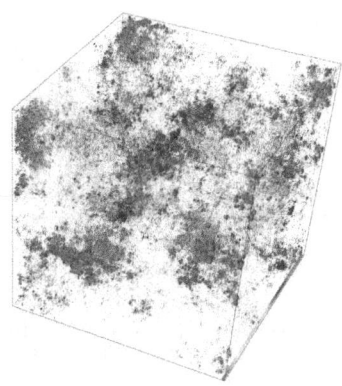

Fig.38: Escalamiento Multifractal

Los **fractales pueden tener propiedades emergentes** cuando se generan estructuras finas o de detalle en escalas arbitrariamente pequeñas, generadas aleatoriamente o mediante patrones complejos. Aunque, en principio parezca que la Teoría Fractal solo pueda generar formas y procesos deterministas, esto no es así, y dependiendo de las reglas (de repetición y similitud) que se utilicen, **pueden generar formas y procesos totalmente inesperados y muy diferentes a las formas o los procesos iniciales de los que se parten**.

¿Qué longitud tiene la costa de Gran Bretaña? Auto-similaridad estadística y Dimensión Fractal " es un documento del matemático Benoît Mandelbrot, publicado por primera vez en Science en 1967. En este trabajo se analizan las curvas de Mandelbrot auto-similares que tienen dimensión de Hausdorff entre 1 y 2. Estas curvas son ejemplos de fractales, aunque Mandelbrot no utiliza este término en el documento, ya que él no lo acuñó hasta 1975. El articulo es una de las primeras publicaciones de Mandelbrot sobre el tema de los fractales.

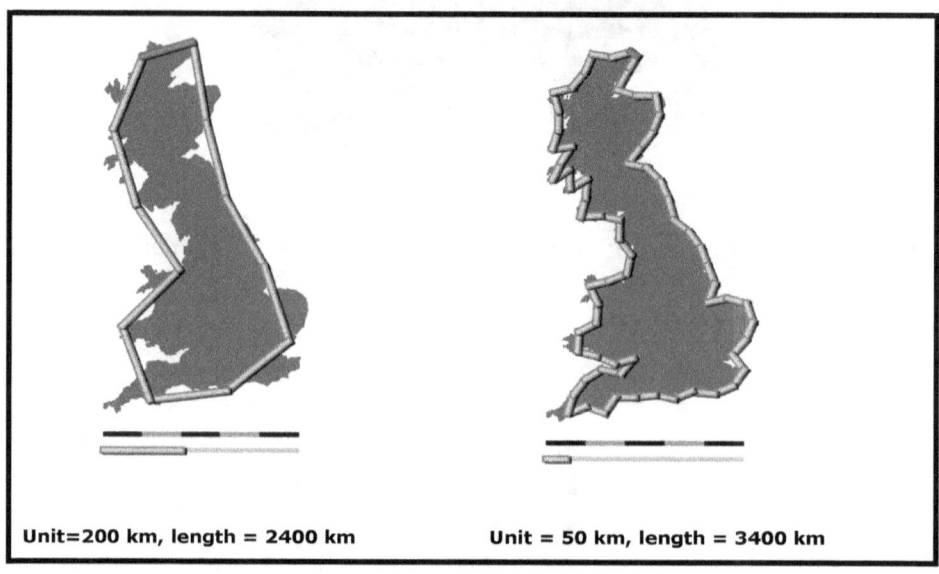

Unit=200 km, length = 2400 km   Unit = 50 km, length = 3400 km

Fig.39: Medición de la costa de Gran Bretaña

El artículo es importante porque se trata de un "punto de inflexión" en las ideas tempranas de Mandelbrot sobre fractales. Es un ejemplo de la vinculación de objetos matemáticos con las formas naturales que serán un tema de gran parte de su posterior obra. **En él se muestra como la medición real de la costa de Bretaña aumenta al disminuir la precisión (unidad) de la medición.**

COSMOLOGÍA FRACTAL

En física cosmológica, la **cosmología fractal es un conjunto de teo-rías cosmológicas minoritarias que señalan que la distribución de la materia en el Universo, o la estructura del universo mismo, es un fractal en una amplia gama de escalas** (sistema multifractal). Más en general, se refiere a la utilización o aparición de fractales en el estudio del universo y la materia. Una cuestión central en este campo es la dimensión fractal del universo o la distribución de la materia dentro del universo, cuando se miden a escalas muy grandes o muy pequeñas.

El primer intento de modelar la **distribución de galaxias con un pa-trón fractal** fue hecho por Luciano Pietronero y su equipo en 1987, y una vista más detallada de la estructura a gran escala del universo surgió durante la siguiente década, cuando el número de galaxias catalogadas se hizo mayor . Pietronero sostiene que el universo muestra un definido aspecto fractal sobre una gama bastante amplia escalas, con una **dimensión fractal de aproximadamente 2**. La dimensión fractal de un **objeto 3D homogéneo sería 3**, y 2 para una superficie homogénea, mientras que **la dimensión fractal de una superficie fractal estaría entre 2 y 3**. El significado último de este resultado no es inmediatamente evidente, pero parece indicar que **tanto la estructuración aleatoria como la jerárquica están en las escalas de los cúmulos de galaxias y en las escalas mayores.**

En el ámbito de la teoría, la primera aparición de los fractales en la cosmología fue probablemente con Andrei Linde en la teoría *"Existencia Eterna de Auto-reproductores de universos inflacionarios caóti-cos"* (la teoría de la inflación caótica), en 1986. En esta teoría, la evolución de un campo escalar crea picos que se convierten en puntos de nucleación que provocan manchas de inflar el espacio para convertirse en "universos burbuja", **haciendo el universo fractal para escalas muy grandes**. El artículo de Alan Guth 2007 sobre *"Inflación eterna y sus implicaciones"*, muestra que esta variedad de teoría del universo inflacionario sigue siendo seriamente considerada hoy en día. Y la inflación, de una forma u otra, se considera ampliamente que puede ser nuestro mejor modelo cosmológico disponible.

Desde 1986, sin embargo, se han propuesto un número bastante grande de diferentes teorías cosmológicas que exhiben propiedades fractales. Y mientras que la teoría de Linde **muestra fractalidad a escalas mayores que el universo observable**, teorías como Causal Triangulación Dinámica (CDT) y la Gravedad Quantica de Einstein **son fractales** en el extremo opuesto, en el ámbito de lo ultra pequeño, **cerca**

de la escala de Planck. Estas últimas teorías de la gravedad cuántica **describen una estructura fractal para el propio espacio-tiempo**, y sugieren que la dimensionalidad del espacio evoluciona con el tiempo. Específicamente sugieren que **la realidad es 2D en la escala de Planck, y que el espacio-tiempo se vuelve gradualmente 4D a escalas mayores**. El astrónomo francés Laurent Nottale **sugirió por primera vez la naturaleza fractal del espacio-tiempo** en un artículo sobre la relatividad de escala publicado en 1992, y publicó un libro sobre el tema del fractal del espacio-tiempo en el año 1993.

El matemático francés Alain Connes ha estado trabajando durante varios años para reconciliar la relatividad con la mecánica cuántica, y por lo tanto para unificar las leyes de la física con el uso de la geometría no conmutativa. **La Fractalidad se plantea también en este enfoque de la gravedad cuántica**. Un artículo de Alexander Hellemans en la edición de agosto de 2006, de la revista Scientific American, cita a Connes diciendo que el siguiente paso importante hacia este objetivo es *"tratar de entender cómo el espacio con dimensiones fraccionarias encaja con la gravitación"*. El trabajo de Connes con el físico Carlo Rovelli sugiere que **el tiempo es una propiedad emergente** o surge de forma natural, en esta formulación, mientras que en la Triangulación Dinámica Causal, la elección de aquellas configuraciones donde los bloques de construcción adyacentes comparten la misma dirección en el tiempo es una parte esencial de la receta. **Sin embargo, ambos enfoques sugieren que el tejido del espacio en sí es fractal.**

TEORIA FRACTAL vs ARCOÍRIS FRACTAL

En el momento en que se propone un universo de infinitas escalas espaciales, parece que la **teoría fractal es un buen candidato para establecer un modelo para parametrizar las leyes que actúen en las distintas escalas (con diferentes conceptos, constantes y leyes físicas emergentes)**, aunque, seguramente, interconectadas de alguna forma subyacente.

Como hemos visto, la gran mayoría de los conceptos de la naturaleza y el cosmos, parecen seguir parámetros de fractales complejos (copos de nieve, cristales, costas marinas, galaxias, ..). Y también parece que **el vacío puede tener una composición fractal.**

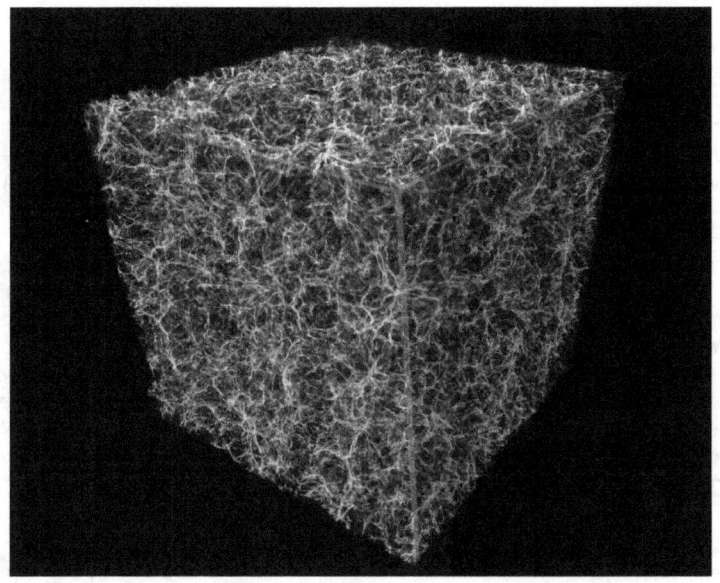

Fig.40: Distribución de la materia en una sección cúbica del Universo.

(Las estructuras de fibras azules representan la materia (materia principalmente oscura) y las regiones vacías representan los vacíos cósmicos).

Podemos comparar Fig.38 y Fig.40, y podemos ver que ambas figuras son muy similares.

También las últimas teorías físicas parecen estar basadas en desarrollos fractales (CDT, la Relatividad Escalar, ...).

Esta puede ser una de las vías de investigación para el futuro de la física y las matemáticas, que, hoy en día, y casi desde hace 20 años, se ha centrado en su mayor parte en la teoría de cuerdas.

Las leyes y los patrones fractales del Universo Global deben ser complejos, multi-fractales y multi-escalares.

"¿Por qué el universo no es una fractal (simple) pero sí es un multi-fractal". (Vincent J. Martínez y Bernard J. T. Jones, 1990):

*"Hay pruebas abrumadoras de la prospección del **redshift CfA** (corrimiento hacia el "rojo") que **la distribución de las galaxias en el Universo obedece a una ley escalar para escalas espaciales de menos de 5 Mpc/h.** A pesar de esta invariancia de escala, el Universo no está bien representado por un fractal homogéneo en estas escalas. Se estudió la dependencia de la longitud de correlación r0 con la profundidad de la muestra y luminosidad. Un método basado en el árbol de expansión mínima que se presenta para la determinación de la dimensión de Hausdorff, DH, de un punto de distribución. La técnica se aplica con el fin de encontrar la dimensión de Hausdorff de la prospección del corrimiento al rojo CfA. El valor obtenido es DH = 2,1 +/- 0,1. La dimensión de correlación difiere de este valor, D2 = 1,3 +/- 0,1, por lo tanto, **el <u>Universo</u> no está bien caracterizado por un único exponente: no es un simple fractal. <u>Es una estructura más compleja, un multi-fractal</u> ".***

OTROS ARTÍCULOS RELACIONADOS SOBRE FRACTA-LES

Un COSMOS FRACTAL INFINITO (http://arxiv.org/pdf/1001.2865v1.pdf - Robert L. Oldershaw 2010).

"<u>Hace siglos</u> Immanuel Kant, J. H. Lambert, Spinoza y algunos otros propusieron un modelo jerárquico infinito del universo basado en gran parte en la filosofía natural. Este paradigma jerárquico en general nunca obtuvo un gran número de seguidores, pero al igual que el legendario Phoenix, se mantuvo y surgió de las cenizas de la negligencia. En los años <u>1800 y 1900</u> un buen número de científicos, incluyendo E. E. Fournier d'Albe, F. Selety, C. V. L. Charlier y G. de Vaucouleurs, propusieron los modelos cosmológicos jerárquicos basados en la organización jerárquica dentro del universo observable. Luego, hacia el final de la década de <u>1970</u>, el matemático B. B. Mandelbrot (1977, 1983) dio al paradigma jerárquico nueva vida y una amplia exposición, mediante el desarrollo de las matemáticas de la geometría fractal y la demostración de que los fenómenos fractales basados en una auto-similitud jerárquica son comunes en la naturaleza. De este modo, los filósofos naturales, investigadores científicos, matemáticos y físicos teóricos, ahora han encontrado su camino, poco a poco pero seguro, con el paradigma fractal infinito. Hay muchas rutas para este paradigma, y sin duda hay un gran número de versiones distintas (Oldershaw, 2001; Nottale, 1993; Tegmark, 2003; Baryshev y Teerikoorpi, 2003; Baryshev 2008) del paradigma básico, cada uno con sus propias explicaciones teóricas únicas del por qué y cómo la naturaleza se organiza de esta manera. Por ejemplo, el autor de este artículo ha demostrado cómo <u>una futura generalización de la Relatividad General que incluya una auto-</u>

similitud escalar discreta de las interacciones entre la materia y la geometría del espacio-tiempo conduce a un cosmos no acotado, auto-similar y discreto (Oldershaw, 2007).

*A pesar de que todavía no sabemos cómo se resolverán todos los detalles técnicos del cosmos fractal, **el paradigma general de que la naturaleza es una jerarquía infinita de mundos dentro de mundos finalmente ha llegado, y es probable que sea nuestro paradigma dominante en el futuro**".*

---

*Resumen del libro **"Un Universo Infinito en una mota de polvo".** (1994 **Escrito por Yun Pyo Jung)***

***Gottfried Leibniz (1646 - 1716)** ha sugerido una idea única llamada **"monadología"**. El pensó que el universo se compone de innumerables "mónadas" (unidades), y otros universos completos se ocultaban en cada uno de ellos.*

*Para comprender esta idea, se puede empezar por entender que **representa una especie de estructura fractal del universo**; cuando una partícula contiene otro universo completo en ella, tal universo debe estar compuesto de innumerables nuevas partículas mucho más pequeñas, en cada una de las cuales se puede repetir otro universo más pequeño. **En una estructura fractal, este proceso continúa sin cesar.***

*Si el universo está formado en realidad de una estructura fractal, **se podría decir que nuestro cosmos podría ser también una partícula**. Podemos estar viviendo en una partícula. Tales partículas como el cosmos pueden ser innumerables. Y puede haber un universo gigantesco, pero que tampoco sería el final de todo lo que hay. De hecho, podría ser otra partícula en otro universo mayor. Dicho proceso también seguiría sin fin en una estructura fractal.*

Etapas del Universo

Vamos a llamar al mundo grande, en el interior del gigantesco, 'el macro-mundo", y llamaremos al pequeño mundo replicado en nuestro cuerpo 'el micro-mundo'.

A continuación, podemos organizar todas las etapas del universo a partir de partículas subatómicas del ser gigantesco de la siguiente manera;

*(1) **Micro-mundo:** las partículas subatómicas - (núcleo atómico) - átomos - moléculas de macromoléculas - elementos morfológicos - células - hombre*
*(2) **Macro-mundo:** estrellas (el sol) - (núcleo galaxia) - galaxias - cúmulos de galaxias - supercúmulos - el cosmos - ser gigantesco*

Si el universo se replicara en una estructura fractal, **las relaciones de magnitud de los elementos correspondientes entre los dos mundos extremos serían todas constantes.**

Los átomos (del Micro-mundo) pueden corresponder a las galaxias (del Macro-mundo). La idea de que la estructura atómica puede ser similar a la del sistema solar no es digna de consideración en absoluto.

Número Constante 10^{30}

Si calculamos todas las proporciones de los elementos entre el micro-mundo y el macro-mundo correspondiente, es posible que tenga en cuenta que todos ellos están mostrando resultados similares que contienen un **número constante de 10^{30}.**

Si todo esto no fuera una serie fortuita, el universo podría decirse que esta formado de estructura fractal consecutiva vertical, y **el valor de aumento entre dos niveles adyacentes de fractal sería de alrededor 10^{30}.**

Epílogo

Si los científicos aceptan esta nueva teoría y resuelven como los cuerpos celestes se corresponden con las partículas del micro-mundo, las **comparaciones exactas serán posibles sin ninguna variación.**

Si los científicos aplicaran Cosmología Fractal en su investigación, **podrían ser capaces de obtener respuestas para la mayoría de las preguntas,** u obtener interpretaciones adecuadas de diversos fenómenos del universo, mediante la comparación del micro-mundo con el macro-mundo.

En un universo infinito, las repeticiones de estructura fractal no tienen un principio ni un final. Pero existen niveles en el universo fractal, y, **entendemos ahora que el poder de aumento en cada nivel es de 10^{30}.**

La ciencia humana ha progresado hasta los límites de su visión. **La Cosmología Fractal podrá invitar a la humanidad al mundo del infinito.**

REFERENCIAS PARA SABER MÁS SOBRE FRACTALS:

FRACTAL EXPLORER (WEB):

http://www.wahl.org/fe/HTML_version/link/FE1W/c1.htm

ANEXO 4: TEORÍA DE BRANAS

Es imprescindible incluir un anexo sobre la **Teoría de Cuerdas (o Branas)** que ha supuesto durante los últimos años uno de los campos de investigación científica más importante en la búsqueda de una **Teoría del Todo (TOE).**

También en la propuesta del presente libro se hacen muchas referencias a conceptos extraidos de esta teoría: Mundo-Brana, Multi-dimensiones, ...

CONCEPTO DE BRANA

En la teoría de cuerdas y teorías relacionadas, tales como las teorías de supergravedad, una **brana** es una forma de generalizar la noción de **partícula como un objeto físico que puede tener diferentes dimensiones espaciales**. Por ejemplo, si una partícula puntual se puede ver como una brana de dimensión cero, una cuerda se puede ver como una brana de dimensión uno. También es posible considerar branas de dimensiones superiores. Para una dimensión p, se llaman p-branas. La palabra brana viene de la "membrana", palabra que se refiere a una brana de dos dimensiones.

Las Branas son objetos dinámicos que pueden propagarse a través del espacio-tiempo de acuerdo a las reglas de la mecánica cuántica. Tienen masa y pueden tener otros atributos tales como carga (electro-magnética). Las p-branas se mueven por un volumen (p + 1)-dimensional del espacio-tiempo llamado su "Bulto" (Bulk). **Los físicos suelen estudiar los campos análogos al campo electromagnético que existen en el "Bulto" de una membrana.**

En la teoría de cuerdas, **D-branas son una clase importante de branas que surgen cuando se consideran cuerdas abiertas.** Como una cuerda abierta se propaga a través del espacio-tiempo, se requiere que sus puntos finales estén conectados a una D-brana. La letra "D" en D-brana se refiere a una cierta condición matemática en el sistema conocido como la condición de contorno de Dirichlet. El estudio de D-branas en la **teoría de cuerdas ha dado lugar a resultados importantes, como la correspondencia AdS / CFT**, que ha arrojado luz sobre muchos problemas en la teoría cuántica de campos.

TEORÍA DE CUERDAS (TEORÍA-M)

En física, la **teoría de cuerdas** *es un marco teórico en el que las* **partículas puntuales de la física de partículas se sustituyen por objetos unidimensionales llamados cuerdas.** *La teoría de cuerdas describe cómo estas cuerdas se propagan a través del espacio e interactúan entre sí. Vista desde escalas mayores (nuestra escala), una cuerda se parece a una partícula ordinaria, con su masa, carga y otras propiedades determinadas por el estado de vibración de la cuerda. En la teoría de cuerdas, uno de los muchos estados vibracionales de una cuerda corresponde al graviton, una partícula de la mecánica cuántica que transporta la fuerza de la gravedad. Así, podemos considerar* **la teoría de cuerdas como una teoría de la gravedad cuántica.**

La teoría de cuerdas es un tema amplio y variado que intenta abordar una serie de cuestiones profundas de la física fundamental. La teoría de cuerdas se ha aplicado a una variedad de problemas de la física de los agujeros negros, la cosmología de los inicios del universo, la física nuclear y física de la materia condensada, y ha estimulado varios acontecimientos importantes de la matemática pura. Debido a que la **teoría de cuerdas proporciona potencialmente una descripción unificada de la gravedad y la física de partículas, es un candidato para una teoría de todo (TOE),** *un modelo matemático independiente que describe todas las fuerzas y formas de materia fundamentales.*

La teoría de cuerdas se estudió por primera vez en la década de 1960, como una teoría de la fuerza nuclear fuerte, antes de ser abandonada en favor de la cromodinámica cuántica (QCD). Posteriormente, se dieron cuenta de que las mismas propiedades que la hacían inadecuada como una teoría de la física nuclear, la hacían que fuera un candidato prometedor para una teoría cuántica de la gravedad. La primera versión de la teoría de cuerdas, la teoría de cuerdas bosónica, incorporaba sólo la clase de partículas conocidas como bosones. Más tarde se convirtió en la teoría de supercuerdas, que postula una conexión llamada supersimetría entre bosones y la clase de partículas llamadas fermiones. Cinco versiones de la teoría de **supercuerdas** *consistentes fueron desarrolladas antes de que se conjeturó, a mediados de la década de 1990, que todas eran diferentes casos límite de una sola teoría de once dimensiones conocida como* **teoría M**. *A finales de 1997, los teóricos descubrieron una relación importante llamada la* **correspondencia AdS / CFT,** *que relaciona la teoría de cuerdas a otro tipo de teoría física llamada una* **teoría cuántica de campos.**

Uno de los desafíos de la teoría de cuerdas es que **la teoría completa todavía no tiene una definición satisfactoria para todas las situaciones y cir-**

cunstancias. *Otra cuestión es que la teoría está pensada para describir un paisaje enorme de universos posibles, y esto ha complicado los esfuerzos para el desarrollo de las teorías de la física de partículas basada en la teoría de cuerdas. Estos problemas han llevado a parte de* **la comunidad científica a criticar este enfoque de la física, y a cuestionarse el continuar con la investigación de la unificación mediante la teoría de cuerdas.**

Dado que a escalas espaciales muy pequeñas (en el paisaje cuántico, < 20 e -20 m) todo parece comportarse como ondas, parece claro que una teoría basada en la vibración de cuerdas (o branas) pueda servir de base para modelizar el Universo Global (TOE).

Durante los últimos 25 años, la mayoría de científicos (y los correspondientes presupuestos de investigación) se han centrado en la Teoría de Cuerdas (y Branas), obteniéndose grandes avances y hasta propuestas sobre el Universo muy interesantes (diferentes universos y multiples dimensiones, supersimetría entre partículas y fuerzas, mundo-branas a diferentes escalas: paralelas, superiores -Bulto-, inferiores -KK, Calabi-Yau-, etc. Pero tal cantidad de esfuerzos parecen haber llegado a un "callejón sin salida". **No ha sido posible establecer una Teoría del Todo clara y concreta**, y simplemente se han obtenido diferentes opciones posibles que deben ser concretadas y probadas. Los próximos experimentos del CERN nos pueden ayudar en ello.

COSMOLOGÍA DE BRANAS

La **Cosmología de Branas** se refiere a ciertas teorías de la física de partículas y de la cosmología relacionadas con la teoría de cuerdas, la teoría de supercuerdas y la teoría-M.

Brana y "Bulto":

La idea central es que el, **universo de cuatro dimensiones que vemos** (3 espaciales y 1 temporal) **está restringido a una membrana dentro de un espacio de dimensiones superiores, llamado el "Bulto"** (también conocido como "hiperespacio"). En el modelo del "Bulto" (nD), los mundo-branas (3D) pueden estar moviéndose a través de este volumen. Es posible que ciertas interacciones con el "Bulto", y posiblemente con otras branas, puedan influir en nuestra propia brana, y por lo tanto, introducir efectos que no se ven con los modelos cosmológicos más estándar.

Una de las características que propone la teoría de cuerdas (dentro de las branas), es que mediante la representación de bosones como cuerdas que causan diferentes interacciones (gravedad, electromagnetismo y la nuclear débil y fuerte), se propone que **la gravedad podría ser una cuerda cerrada** (por lo que podría viajar entre diferentes branas, de diferentes dimensiones), mientras que **los otros tres bosones (EM, S y W) serían cuerdas abiertas y estarían ancladas a una membrana**, sin poder salir de ella.

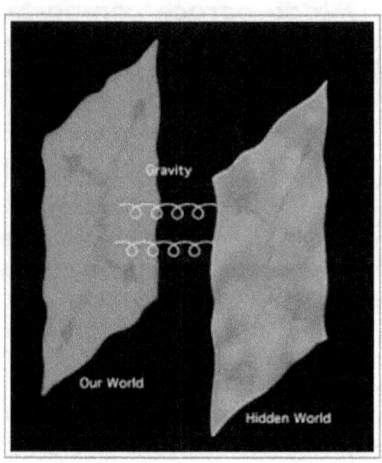

Fig.41: Branas 2D intercambiando Gravedad

TEORÍA DE KALUZA-KLEIN (KK)

La Teoría de Kaluza-Klein (KK) es una teoría del campo unificado de la gravitación y el electromagnetismo en torno a la idea de una quinta dimensión más allá de las cuatro habituales de espacio (3D) y tiempo (1T). **Se considera que es un precursor importante para la teoría de cuerdas**.

La teoría de cinco dimensiones se desarrolló en tres pasos:

• La hipótesis original vino de Kaluza, que envió sus resultados a Einstein en 1919, y los publico en 1921. **La teoría de Kaluza era una extensión puramente clásica de la relatividad general en cinco dimensiones**. La métrica de la relatividad General de 5 dimensiones cuenta con **15 componentes**. Diez componentes están identificados con la métrica del **espacio-tiempo de 4 dimensiones**, 4 componentes con el **vector potencial electromagnético**, y un componente con un campo escalar no identificado a veces llamado el **"radion" o el "dilatón"**. Luego, las ecuaciones **5-dimensionales de Einstein producen** las ecuaciones **4-dimensionales de campo de Einstein,** las ecuaciones de Maxwell para el **campo electromagnético,** y una ecuación para el **campo escalar.**

- 1926, Oskar Klein **dio a la teoría clásica de 5 dimensiones de Kaluza una interpretación cuántica**, para adaptarlas a los entonces recientes descubrimientos de Heisenberg y Schrödinger. Klein introdujo la hipótesis de que **la quinta dimensión estaba enrollada y microscópica**.

- No fue hasta la década de 1940 que **se completó la teoría clásica, y las ecuaciones de campo completo**, incluyendo el campo escalar.

Una cuerda con 1D espacial, tendría otras dos dimensiones (2D) enrolladas, si consideramos como una superficie de manguera enrollada.

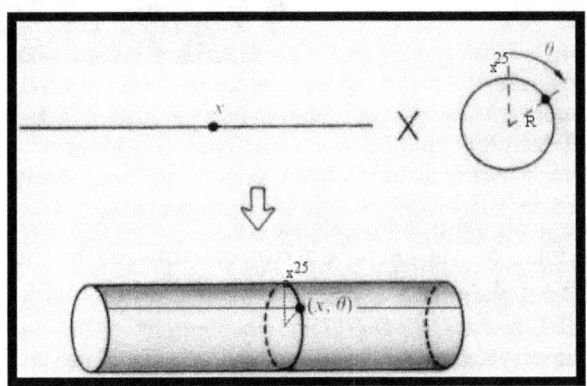

Fig.42: Branas KK
(superficie 2D enrollada en 1D X dimensión)

Por lo que cada dimension espacial 3D (X-Y-Z) tendría 2 dimensiones enrolladas en escalas muy pequeñas (se desconoce en que escalas, pero deben ser muy pequeñas para que nosotros no las detectemos). Por lo que se supone que en esta escala co-existiran 6 dimensiones (3 x 2D = 6D) además de las 3 que conocemos (X-Y-Z). A las formas 6D se las denomina formas Calabi-Yau 6D.

Branas Calabi-Yau

Una **Brana (o Forma) Calabi-Yau**, o también conocido como un espacio de Calabi-Yau, es un tipo especial de "variedad" ("manifold", en inglés) geométrica que se describe en ciertas ramas de las matemáticas como una geometría algebraica. En la teoría de supercuerdas, las dimensiones extra del espacio-tiempo (6D) se conjetura que puedan adoptar la forma de Calabi-Yau de 6 D, lo que llevó a la idea de la simetría de espejo.

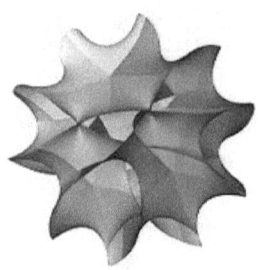 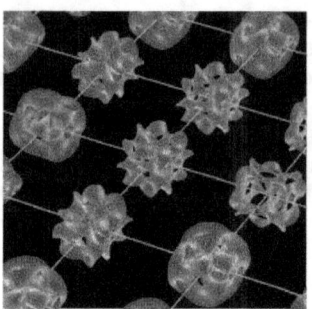

Fig.43: Brana Calabi-Yau
Fig.44: Estructura de Calabi-Yau

Pueden existir una gran cantidad diferente de (variedades) formas 6D Calabi-Yau. Y todas ellas formarían la **estructura básica del espacio de Nuestro Universo** (Nuestro Mundo-brana). Conocido como **"Espuma Cuántica"**.

En **el colisionador de partículas LHC del Cern** se tienen previstos experimentos específicos para **detectar estas posibles branas KK con dimensiones extra**, pero **hasta la fecha no han dido detectadas**. Con las energías máximas previstas utilizar (aprox. 10 TeV) se cree que podríamos detectar estas branas KK siempre que tuvieran unas dimensiones superiores a 10 e -20 m (100 veces más pequeñas que el tamaño de los electrones).

Nuestro 4D Mundo-brana

Podríamos suponer que **Nuestro Universo** (Nuestro 4D Mundo-brana: 3D espacial y 1D temporal) **puede estar flotando en el nD-Bulto**, siendo "n" mayor de 4 (por ejemplo: 5D=4D espaciales y una temporal); el cual, a su vez, contendría otros universos (Mundo-branas) de menos dimensiones (4D, 3D,…).

Por otra parte, en las escalas más pequeñas, Nuestro Universo (Nuestro Mundo-brana) podría tener otras branas compactadas (6D Calabi-Yau) que formarían la base del espacio. **El espacio "vacío" consistiría en diferentes variedades de Calabi-Yau 6D, formando lo que conocemos como la "espuma cuántica".**

Así que todo el universo consistiría en diferentes D-branas de diferentes dimensiones y tamaños, flotando o coexistiendo unas con las otras. Y donde las diferentes fuerzas (interacciones) y objetos (energía-materia) se podrían manifestar de forma diferente en cada una de ellas. Precisándose de diferentes modelos (leyes) para parametrizarlas.

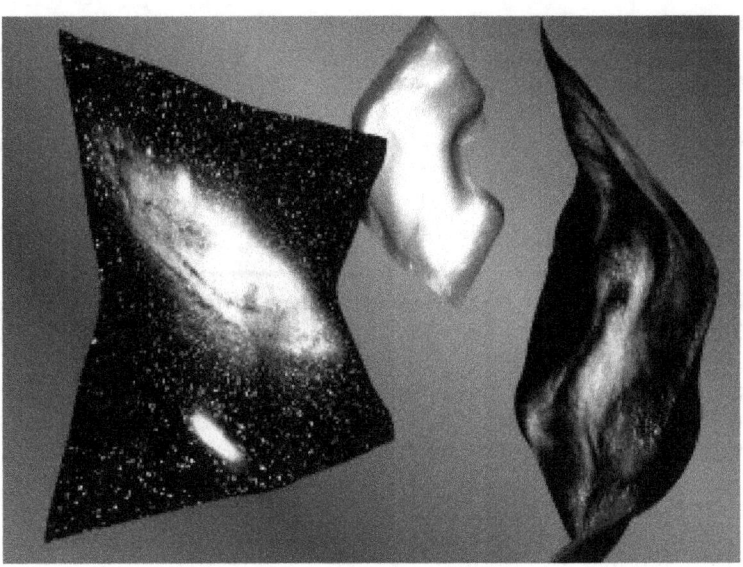

Fig.45: Multi Mundo-branas en el "Bulto"

171

LA TEORÍA DE BRANAS EN EL ARCOÍRIS FRACTAL

La posibilidad de que en el universo puedan haber otras dimensiones (y por consiguiente, la posibilidad de otros universos paralelos) es una de las implicaciones de la **Teoría de Cuerdas**, donde, para evitar inconsistencias (ceros e infinitos) que se producen en la teoría, se **requiere la existencia de más dimensiones (por lo general, se proponen un total de 11 dimensiones)**.

No hay que olvidar que, tal como se propone en este libro (El Arcoíris Fractal), aunque la **Teoría de Cuerdas** pueda ser una seria propuesta de TOE, **ésta sólo abarcaría una banda del espectro escalar del universo**: desde la escala de Planck (10 e-35 m), hasta los límites de Nuestro Universo (10 e+27), aunque también podría cubrir el Paisaje Cósmico (10 e +35 m).

Luego, una opción para describir este espectro escalar podría ser la propuesta de la **sección 2** de este libro *(Los límites de Nuestro Universo. La teoría de Kaluza-Klein: la existencia de nuevas Dimensiones espaciales)*. y que se puede ver en las *figuras 9 y 10, los paisajes de Nuestro Universo*:

- **Nuestro Universo sería una Brana 4D** (3D espacial + 1T temporal) **flotando en el "Bulto" (Brana 5D)**, donde podrían haber otros **"universos de bolsillo"** similares al Nuestro, pero con diferentes dimensiones, constantes y estado de desarrollo (expansion o implosión).
- Nuestro Universo podría contener **dimensiones 6D KK enrolladas en muy pequeñas escalas**, que no somos capaces de visualizar (esta opción se podría demostrar durante los próximos experimentos del LHC-CERN).

Así tendríamos las **11 dimensiones**: Nuestro Universo 4D, + extra 1D del "Bulk" + 6D enrolladas KK.

Otra opción es que el **"Bulk" tuviera 11D (o más)**, donde **9D (espaciales) hubieran evolucionado a Nuestro Universo**: 3D espaciales grandes, y las otras 6D pequeñas y enrolladas.

Otros universos "de bolsillo" podrían haber evolucionado a diferentes dimensiones (ejem. 8D), pudiendo tener diferentes dimensiones grandes (ejem. 4D) o pequeñas (ejem. 4D).

Otro aspecto a considerar son las **fuerzas (campos) de interacción**.

Si aceptamos la teoría de Cuerdas "abiertas" y "cerradas" (que se explica en la sección anterior):

* **Sólo las cuerdas "cerradas" de la Gravedad (campo de fuerza y ondas) podrían viajar (actuar) a través de los diferentes D-branas, entre los diferentes universos**. Véase la figura adjunta, donde se puede ver la Ley de Newton aplicada a diversos espacios dimensionales. Diferentes universos podrían verse afectados por la gravedad en función de sus masas.

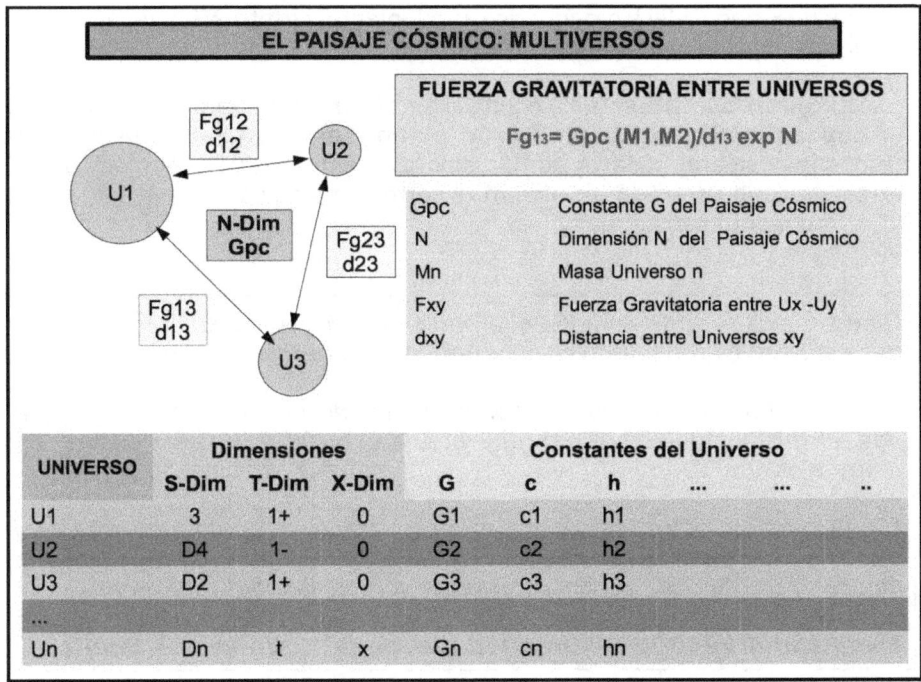

Fig.46: Interacciones Gravitatorias entre D-Mundobranas

Si suponemos que los diferentes Mundo-branas (U1, U2,...), con diferentes constantes (G, c,...) y dimensiones (D1, D2,...), co-exsisten "flotando" en el "Bulto" (Paisaje Cósmico) que tiene N-dimensiones y una Constante Gravitatoria (Gpc), podemos suponer que entre ellos también se generará una fuerza atractiva Gravitatoria proporcional a sus masas (y energía) totales, inversamente proporcional a la distancia elevada a la potencia N-1 (si N= 3 entoces exp = 2 como en Nuestro Universo 3D)

- **Las cuerdas "abiertas" Electromagnéticas (campo y ondas EM) estarán atrapadas a una brana, sin poder escaparse a otras branas** ("Bulto", KK,...) . Luego, no vamos a ser capaces de detectar ninguna onda electromagnética proveniente de otros universos desde dentro de Nuestro propio Universo.

- **Las cuerdas "abiertas" Nucleares (fuertes y débiles: campos y ondas S+W) también estarán atrapadas a una membrana.** Las ondas nucleares todavía no han sido jamás detectadas. Pero si existen, seguro que serán de alcance muy corto, y sólo podrían ser detectadas a muy pequeñas escalas.

"Pueden existir otros mundos que no conocemos en otras branas separadas de las nuestras por otras dimensiones ocultas".

"Podría haber un "relleno" adicional distribuido entre las diferentes branas, el mismo "bulk" o Bulto, que podría explicar la energía oscura y la materia oscura".

"Si hay vida en otras branas, estos seres atrapados en un ambiente completamente diferente, sentirían (detectarían) fuerzas y ondas completamente diferentes que serían detectadas por los sentidos diferentes".

Lisa Randall (20005), "Wrapped passages" ("Universos Ocultos")

ANEXO 5: TEORIA RELATIVIDAD ESCALAR

En el presente anexo se explicará brevemente la **Teoría de la Relatividad Escalar** (o de Escala) de Nottale, y la forma en que podría estar relacionada con la propuesta del presente libro (el **Arcoíris Fractal**).

La **Teoría de la Relatividad Escalar considera un espacio-tiempo fractal y la necesidad de considerar el concepto de escala (Factor Escala) en las leyes físicas,** por lo que, esta Teoría **parece encajar perfectamente con la propuesta básica del Arcoíris Fractal,** aunque también veremos que **tiene algunas diferencias.**

La **Teoría de la Relatividad Escalar (de Nottale),** presenta una propuesta revolucionaria que, de ser aceptada por la comunidad científica (ser debidamente demostrada y verificada) **podría suponer gran avance en la Física Cosmológica**. En cambio, tras 30 años de estudios, desarrollos y propuestas (artículos y libros), **Nottale y su teoría, están actualmente prácticamente olvidados por la "comunidad científica", y su trabajo marginado de los ámbitos académicos** (yo conocí casualmente de su existencia en Abril de 2015).

PRINCIPIOS BÁSICOS

La Relatividad de Escala es una teoría geométrica del espacio-tiempo fractal. La idea de una teoría del espacio-tiempo fractal fue introducida por primera vez por _Granate Ord_ (1983, "El espacio-tiempo fractal: un análogo geométrico de la mecánica cuántica relativista" Journal of Physics A:. Matemática y general), y por Laurent Nottale en un documento con Jean Schneider (1984, "Fractales y análisis no estándar" (PDF). Diario de la física matemática). La propuesta de combinar la teoría del espacio-tiempo fractal con los principios de la relatividad fue hecha por Laurent Nottale (1989, "Fractales y la teoría cuántica del espacio-tiempo").

La Teoría de la Relatividad de Escala resultante es una extensión del concepto de la relatividad que se encuentra en la relatividad especial y la relatividad general a escalas físicas (tiempo, longitud, energía, o escalas de impulso). En física, **las teorías de la relatividad** han demostrado que la posición, la orientación, el movimiento y la aceleración no pueden ser definidos de una manera absoluta, sino sólo en relación con un sistema de referencia.

El darse cuenta de la relatividad de las escalas, como darse cuenta de las otras formas de la relatividad, es sólo un primer paso. La **Teoría de la Relatividad de Escala** se propone hacer el siguiente paso mediante la transformación de esa sencilla idea en un teoría física formal, mediante la **introducción explícita en los sistemas de coordenadas del "estado escalar".**

Para describir las transformaciones de escala se requiere del uso de geometrías fractales, que se relacionan, por lo general, con los cambios de escala. **La relatividad de escala es por lo tanto una extensión de la teoría de la relatividad al concepto de la escala**, utilizando las geometrías fractales para estudiar las transformaciones de escala. La construcción de la teoría es similar a las teorías de la relatividad anteriores, con tres niveles diferentes: Galileo, especiales y generales.

La Relatividad de Escala extiende la relatividad especial y general con una nueva formulación de invariancia de escala que **preserva una longitud de referencia, que postula ser la longitud de Planck.**

Al exigir que esta longitud sea invariante bajo cambios de **estado de escala**, se hace necesario abandonar la hipótesis de diferenciabilidad del espaciotiempo. En su lugar **se sugiere una estructura fractal del espacio-tiempo.**

El desarrollo de una Relatividad de Escala completa en general no ha terminado todavía. Sin embargo, el progreso y los resultados existentes ya tienen consecuencias para los fundamentos de la mecánica cuántica, la física de partículas y física de alta energía. Por otra parte, **las predicciones empíricas de la física, la astrofísica y la cosmología ya han sido validados,** la mayoría de las veces con una alta precisión, o con resultados estadísticamente muy significativos.

EL PRINCIPIO DE RELATIVIDAD

El **principio de la relatividad** dice que **las leyes físicas deben ser válidas en todos los sistemas de coordenadas**. Este principio se ha aplicado a los estados de posición (el origen y la orientación de los ejes), así como a los estados de movimiento de sistemas de coordenadas (velocidad, aceleración). Tales estados no se definen de una manera absoluta, sino relativamente entre sí. Por ejemplo, no existe un movimiento absoluto, en el sentido de que **sólo se puede definir el movimiento de una manera relativa entre un cuerpo y otro.**

Galileo introdujo explícitamente los parámetros de *velocidad* en el referencial de observación.

---

*El principio de la Relatividad Especial fue enunciado primero explícitamente por **Galileo Galilei en 1632 en su Diálogo sobre los "Dos Máximos Sistemas del Mundo"**, utilizando la metáfora del barco de Galileo:*

"Si está encerrado con un amigo en una cabina bajo la cubierta de un barco grande, y hay con usted moscas, mariposas y otros animales pequeños voladores,... Cuelguen una botella que gotee sobre un gran recipiente vacío colocado debajo de la misma, ... Hacen que el barco avance a una velocidad uniforme (y supongamos que no hayan fluctuaciones -oleaje- en cualquier dirección) ... Las gotas caerán en el recipiente inferior en una trayectoria recta, sin ningún desplazamiento hacia la popa, mientras el barco avanza.,... Las mariposas y las moscas continuarán su vuelo por igual por todas partes, sin concentrarse en la popa, como si se cansaran de seguir el curso del barco, ... "

Entonces, Einstein introdujo explícitamente los parámetros de aceleración.

---

*Un observador en un sistema de referencia, sin comunicación o contacto visual con otro sistema de referencia, **no puede determinar la velocidad lineal de un sistema sobre otro mediante ningún experimento.***

*Sin embargo, **un observador que se mueve con movimiento acelerado con relación a otro observador, sí que puede determinar el valor relativo de la aceleración con respecto a este observador.***

EL PRINCIPIO DE RELATIVIDAD DE ESCALA

De manera similar, **Nottale** introduce parámetros de **escala** de forma explícita en las referencias de observación.

La Relatividad Escalar propone de una manera similar el definir una escala relativa a otra escala, pero no de una forma absoluta. Sólo las relaciones escalares tienen un significado físico, pero no una escala absoluta, de la misma forma que no existe ninguna posición o velocidad absoluta, y sólo diferencias de posición o de velocidad.

El concepto de *"resolución" ("precision")* se puede interpretar como el *"estado de escala"* del sistema, de la misma manera que la velocidad caracteriza el estado del movimiento.

El principio de Relatividad Escalar puede ser formulado como: *"las leyes de la física deben ser tales que puedan ser aplicables a un sistema de coordenadas, cualquiera que sea su (estado de) escala".*

El objetivo principal de la relatividad de escala es **encontrar leyes que respetan matemáticamente este nuevo principio de relatividad.**

Matemáticamente, esto se puede expresar a través del principio de la covarianza aplicado a escalas, es decir, la invariancia de la forma de las ecuaciones de la física bajo transformaciones de escala: "resoluciones" o "precisón" (dilataciones y contracciones).

El *principio de covariancia* o *principio general de relatividad* establece que las leyes de la Física deben tomar la misma forma en todos los marcos de referencia. Esto es una extensión del principio de relatividad especial. El *principio de covariancia* es una de las motivaciones principales que llevaron a Einstein a generalizar la teoría de la relatividad especial.

Las ecuaciones de la mecánica newtoniana presuponían que el espacio y el tiempo eran magnitudes absolutas, de carácter universal. Sin embargo, este esquema era incompatible con la relatividad especial, cuyo axioma principal afirmaba que cada observador, dependiendo de su velocidad, tenía un tiempo local y un marco espacial diferente.

El principio de covariancia general afirma que *las leyes o ecuaciones fundamentales de la física deben tener la misma forma para cualquier observador sea cual sea el estado de movimiento de éste.* La objetividad del mundo material requiere que las medidas hechas por diversos observadores sean relacionables mediante leyes de transformación fijas:

---

1 **Matemáticamente** el principio de covariancia implica que las leyes de la física deben ser leyes tensoriales en el que las magnitudes medidas por diferentes observadores sean relacionables de acuerdo a la transformación de coordenadas de cada observador.

2 **Físicamente** el principio de covariancia depende de que para diversos sistemas de referencia coordenados no exista procedimiento físico para distinguir entre ellos. Influido por el principio de equivalencia y otras observaciones, Einstein y otros llegaron a teorizar que era posible construir una teoría donde todas las ecuaciones pudieran ser escritas en una forma suficientemente general como para tener la misma forma en cualquier sistema de coordenadas.

La idea central de la Relatividad de Escala es el incluir la "resolucion" ("precisión") en los sistemas de coordenadas, integrando de este modo la teoría de medida explícitamente en la formulación de las leyes físicas: Por ejemplo, la longitud de la costa de Gran Bretaña depende explícitamente de la "resolución" con la que se mide la misma.

El estado relativo de la escala es fundamental para saber acerca de cualquier descripción física. Por ejemplo, **si queremos describir el movimiento y las propiedades de una esfera, es posible utilizar la mecánica clásica o la mecánica cuántica en función del tamaño de la esfera de que se trate.**

En particular, **la información sobre la "resolución" es esencial para entender los sistemas de la mecánica cuántica y la relatividad de escala,** las "resoluciones" se incluyen en los sistemas de coordenadas, por lo que parece un enfoque lógico y prometedor para dar cuenta de los fenómenos cuánticos.

RELATIVIDAD ESCALAR Y RELATIVIDAD GENERAL

Las teorías científicas generalmente no mejoran mediante la adición de complejidad, sino partiendo de una base cada vez más sencilla. Este hecho se puede observar en toda la historia de la ciencia. La razón es que a partir de una base menos constreñida se proporciona más libertad y por lo tanto permite que los fenómenos más ricos sean incluidos en el alcance de la teoría. Por lo tanto, **las nuevas teorías generalmente no contradicen las antiguas, pero amplían su dominio de validez e incluyen a los conocimientos previos como casos especiales.** Por ejemplo, la liberación de la restricción de la rigidez del espacio llevó a Einstein a definir su teoría de la relatividad general y a entender la gravitación. Como era de esperar, esta teoría incluye, naturalmente, la teoría de Newton, que se recupera como una aproximación lineal bajo campos débiles.

El mismo tipo de enfoque ha sido seguido por Nottale para construir la teoría de la relatividad de escala. La base de las teorías actuales es un espacio continuo y dos veces diferenciable. **El espacio es, por definición, continuo, pero la hipótesis de diferenciabilidad no está respaldada por ninguna razón fundamental.** Por lo general, se supone sólo porque se observa que se necesitan las dos primeras derivadas de la posición con respecto al tiempo para describir el movimiento. **La teoría de la relatividad escalar se basa en la idea de que la restricción de la diferenciabilidad se pueda relajar y que esto permita que las leyes cuánticas también sean derivables.**

En términos de la geometría, <u>diferenciabilidad</u> **significa que una curva es suficientemente suave y se puede aproximar por la tangente.** Para que se entienda, se escogen dos puntos de una línea curva y se observa la pendiente de la línea recta que los une, a medida que se acercan los puntos hasta juntarse (la pendiente de la recta final es lo que llamamos derivada). **Si la curva es lo suficientemente suave (sin rugosidades), este proceso converge en un punto y la curva se dice que es diferenciable.** A menudo se cree que esta propiedad es común en la naturaleza.

Sin embargo, **la mayoría de los objetos naturales tienen en cambio una superficie muy rugosa.** Por ejemplo, la corteza de los árboles y los copos de nieve tienen una estructura detallada que no se hace más suave cuando la escala disminuye. Para este tipo de curvas, la pendiente de la tangente fluctúa (diverge). **La derivada es indefinida y se dice que la curva es no-diferenciable.**

Por lo tanto, **cuando se abandona la hipótesis de diferenciabilidad del espacio, hay un grado de libertad adicional que hace a la geometría del espacio extremadamente difícil.** La dificultad de este enfoque es que se necesitan nuevas herramientas matemáticas para modelar esta geometría porque la clásica derivada no se puede utilizar.

Nottale encontró una solución a este problema utilizando el hecho de que no diferenciabilidad implica dependencia de escala y por lo tanto el uso de la geometría fractal. Dependencia de escala significa que las distancias en una curva no diferenciable dependen de la escala de observación. Por tanto, es posible mantener el cálculo diferencial siempre que se dé la escala en que se calculan los derivados, y que su definición incluye ningún límite. Equivale a decir que las curvas no diferenciables tienen diferentes tangentes en un mismo punto en lugar de una sola (dependiendo de la resolución o escala), y que **hay una tangente específica para cada escala.**

El abandonar la hipótesis de la diferenciabilidad no significa el abandono de diferenciabilidad. Ello nos **conduce a un marco más general, donde se incluyen los casos tanto diferenciables como los no diferenciables.**

Por lo tanto, **combinada con la relatividad del movimiento, la relatividad de escala, por definición, amplía y contiene la relatividad general.** De la misma forma que la relatividad general es posible cuando descartamos la hipótesis euclidiana del espacio-tiempo, permitiendo la posibilidad de espacio-tiempo curvo, **la relatividad de escala es posible cuando se abandona la hipótesis de diferenciabilidad, lo que permite la posibilidad de un espacio-tiempo fractal.** El objetivo es describir un espacio-tiempo continuo que no sea diferenciable en todas partes, tal como lo es en la relatividad general.

El abandono de la diferenciabilidad no significa abandonar las ecuaciones diferenciales. El concepto de fractal permite trabajar en los casos no diferenciables con ecuaciones diferenciales. En el cálculo diferencial, podemos ver el concepto de límite como un "zoom", pero en esta generalización del cálculo diferencial, no se ve sólo en los "zooms" límite (cero y el infinito), sino también en todos los demás, es decir, en todos los zooms posibles . En suma, **podemos abandonar la hipótesis de la diferenciación del espacio-tiempo, manteniendo las ecuaciones diferenciales, siempre que se utilicen geometrías fractales.** Con ellas, podemos tratar el caso no diferenciable con las herramientas de ecuaciones diferenciales. **Esto nos conduce a un doble tratamiento de ecuación diferencial: en el espacio-tiempo y en el espacio-escala.**

EL ESPACIO-TIEMPO FRACTAL

Si Einstein propuso que el espacio-tiempo era curvado, **Nottale propone que no sólo es curvo, sino también fractal.** Nottale ha demostrado un teorema clave que **demuestra que un espacio que es continuo y no diferenciable es necesariamente fractal.** Esto significa que **el espacio depende de la escala**.

Es importante destacar que la teoría no se limita a describir objetos fractales en un espacio dado. Si no que, es **el propio espacio que es fractal.** Para entender lo que significa un espacio fractal se requiere estudiar no sólo curvas fractales, sino también superficies fractaes, volúmenes fractales, etc.

Matemáticamente, **un espacio-tiempo fractal se define como una generalización no diferenciable de la geometría de Riemann.** Tal geometría espacio-tiempo fractal es la elección natural para desarrollar este nuevo principio de relatividad, de la misma manera que se necesitaban geométricas curvas para desarrollar la teoría de la Relatividad General de Einstein.

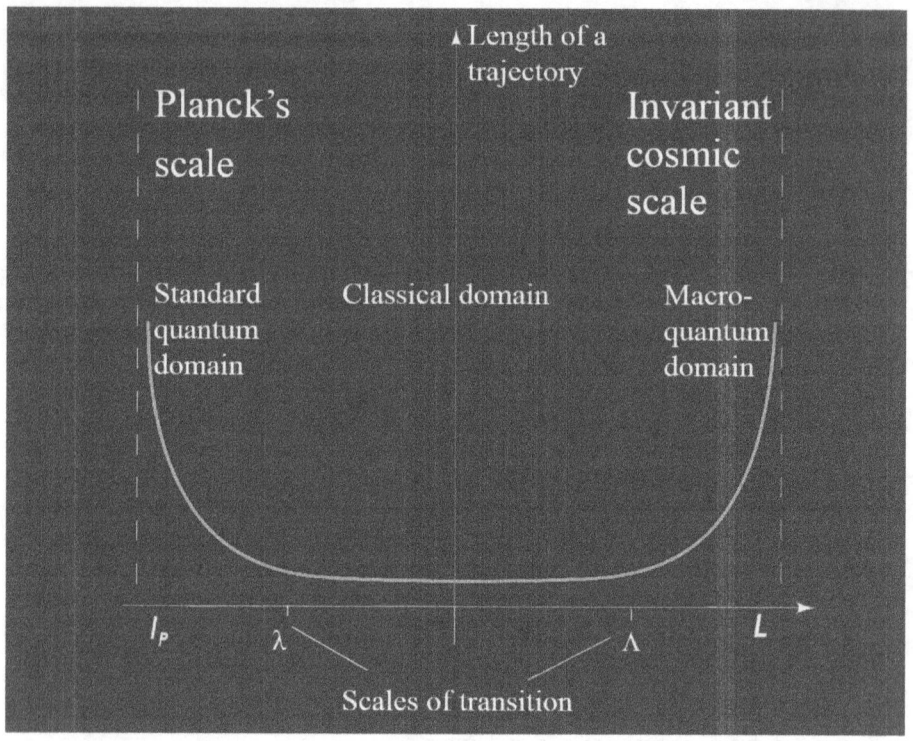

Fig.47: Variación de las geodésicas del espacio-tiempo fractal,...

... de acuerdo con la resolución (la escala), en el marco de la relatividad especial de escala. La simetría de escala se divide en dos escalas de transición λ y Λ (no absolutas), que dividen el espacio escala en tres dominios: (1) un dominio clásico, intermedio, donde el espacio-tiempo no depende de las resoluciones porque las leyes de movimiento dominan sobre las leyes de escala; y dos dominios asintóticos hacia (2) escalas muy pequeñas y (3) escalas muy grandes donde las leyes de escala dominan sobre las leyes del movimiento, lo que muestra la estructura fractal del espacio-tiempo. (Wikipedia).

De la misma manera que los efectos de la relatividad general no se sienten (detectan) en una vida humana típica, **los efectos más radicales de la fractalidad del espacio-tiempo sólo aparecen en los límites extremos de las escalas**: escalas micro o en escalas cosmológicas. Por lo tanto, este enfoque propone enlazar no sólo la física cuántica y la clásica, sino también la clásica y la cosmológica, mediante transiciones de fractales a no fractales.

ESCALAS INVARIANTES MIN Y MAX

Un resultado fundamental y elegante de la **Relatividad de Escala es proponer unas escalas físicas mínima y máxima, invariantes a las dilataciones,** de una manera muy similar a la velocidad de la luz que es un límite máximo para la velocidad.

Escala invariante mínima

En la Relatividad Especial (Einstein), hay una velocidad inalcanzable, la velocidad de la luz. Podemos añadir velocidades sin fin, pero siempre será menor que la velocidad de la luz. Las sumas de todas las velocidades están limitadas por la velocidad de la luz. Además, la composición de dos velocidades es inferior a la suma de esas dos velocidades.

En la Relatividad Especial de la Escala (Nottale), se proponen unas escalas de observación inalcanzables, la **Longitud de la Escala de Planck (l_P)** y el **Tiempo de la Escala de Planck (t_P)**. Las dilataciones están limitadas por l_P y t_P, lo que significa que podemos dividir intervalos espaciales o temporales sin fin, pero siempre serán superiores a las escalas de tiempo y longitud de Planck.

Este es el resultado de la Relatividad Especial de Escala. Del mismo modo, la composición de dos cambios de escala es inferior al producto de estas dos escalas.

Escala Mínima $l_P = 10\,e - 35$ m **(escala de Planck)**

Escala invariante máxima

La elección de la **Escala Máxima (L)** es más difícil de explicar, pero en general consiste en identificarla con la constante cosmológica: **L = 1/ (Λ^2).** Esto es así debido a que un análisis dimensional muestra que la constante cosmológica es la inversa del cuadrado de una longitud, es decir, una curvatura.

Como $\Lambda = 10\ e\ -122$, **máxima escala** $L = 10\ e + 244\ m$

RELATIVIDAD ESCALAR VS OTRAS TEORÍAS RELATIVISTAS

La teoría de la **Relatividad de Escala sigue una construcción similar a la de la Relatividad del Movimiento,** que se llevó a cabo en tres etapas: Relatividad Galileana, Especial y General.

Esto no es sorprendente, ya que en ambos casos el objetivo trata de encontrar leyes de transformación que **incluyen un parámetro que es relativo: la velocidad** en el caso de la relatividad del movimiento; y **la resolución** (precisión) en el caso de la relatividad de las escalas.

La Relatividad Escalar de Galileo

la Relatividad Escalar de Galileo implica transformaciones lineales, una dimensión fractal constante, auto-similitud y la escala de invariancia. Esta situación se ilustra mejor con los <u>fractales auto-similares</u>. Aquí, la longitud de geodésicas varía constantemente con la resolución. Las dimensiones fractales de partículas libres no cambia con los "zooms". Estas son las curvas auto-similares.

En la relatividad de Galileo, **las leyes del movimiento son las mismas en todos los sistemas inerciales**. Galileo llegó a la conclusión de que "el movimiento se parece a nada". En el caso de los fractales auto-similares, parafraseando a Galileo, se podría decir que "el escalamiento se parece a nada". De hecho, los mismos patrones se producen a diferentes escalas, por lo que la escala no es perceptible, es como si nada.

En la relatividad del movimiento, la teoría de Galileo es un grupo galileano aditivo:

$$X\ ' = X - VT$$
$$T\ ' = T$$

Sin embargo, si tenemos en cuenta las transformaciones de escala (dilataciones y contracciones), **las leyes son productos, y no sumas.** Esto se puede ver por la necesidad de utilizar unidades de medida. De hecho, cuando decimos que un objeto mide 10 metros, nos referimos en concreto a que el objeto mide 10 veces la longitud predeterminada definida llamado "metro". El número 10 es en realidad una relación de escala de dos longitudes 10 / 1m, donde 10 es la cantidad medida, y 1m es la unidad de la definición arbitraria. Esta es la razón por la cual el grupo es multiplicativo.

Por otra parte, una escala arbitraria **e** no tiene ningún significado físico en sí mismo (como el número 10), sólo los coeficientes de escala **r = e '/ E** tienen un significado, en nuestro ejemplo, r = 10/1. Utilizando el método de Gell-Mann-Lévy, podemos usar una variable de escala más relevante, **V = ln (e '/ e)**, y luego encontrar de nuevo un grupo aditivo para una transformación a escala usando el logaritmo, que convierte productos en sumas.

Curiosamente, cuando, además del principio de relatividad de escala, se añade el principio de la relatividad del movimiento, hay una transición de la estructura de las geodésicas a escalas grandes (clásicas), donde las trayectorias no dependen de la resolución, donde las trayectorias se convierten en clásicas. **Esto explica el cambio de comportamiento de los cuántica a la clásica**.

La Relatividad Especial Escalar

La **Relatividad Especial Escalar** puede ser vista como una corrección de la Relatividad de Escala de Galileo, donde **las transformaciones de Galileo se sustituyen por las transformaciones de Lorentz**. Curiosamente, las *"correcciones siguen siendo pequeñas a gran escala (es decir, alrededor de la escala de Compton de partículas) y aumenta cuando se va a escalas más pequeñas de longitud (es decir, grandes energías), de la misma forma en que aumentan las correcciones de movimiento relativista cuando se va a grandes velocidades "*.

La **longitud de onda Compton** *es una propiedad mecánica cuántica de una partícula. Fue introducida por Arthur Compton en su explicación de la dispersión de fotones por los electrones (un proceso conocido como dispersión Compton).* **La longitud de onda Compton de una partícula es equivalente a la longitud de onda de un fotón cuya energía es la misma que la energía en reposo de la masa de la partícula.**

*La longitud de onda estándar de Compton, **λ**, de una partícula viene dada por*

$$\lambda = \frac{h}{mc}$$

---

*donde **h** es la constante de Planck, **m** es la masa en reposo de la partícula, y **c** es la velocidad de la luz. La importancia de esta fórmula se muestra en la derivación de la fórmula desplazamiento Compton.*

El valor de CODATA 2010 de la longitud de onda de Compton del electrón es 2,4 × 10⁻¹² m. Otras partículas tienen diferentes longitudes de onda de Compton.

En la relatividad de **Galileo**, se consideró "evidente" que podríamos añadir velocidades sin límite **(w = u + v)**. Sin embargo, **Poincaré y Einstein** impugnaron esta propuesta con la Relatividad Especial, estableciendo una velocidad máxima de movimiento: la velocidad de la luz. Formalmente, **si v es una velocidad, v + c = c**. El estado de la velocidad de la luz en la relatividad especial es un horizonte, inalcanzable, intransitable, invariante ante cambios de movimiento.

En cuanto a la escala, aún estamos dentro de la forma de pensar de Galileo. En efecto, suponemos sin justificación que **la composición de dos dilataciones es ρ * ρ = ρ²**. Escrita con logaritmos, esta igualdad se convierte en **lnρ + lnρ = 2lnρ**. Sin embargo, nada garantiza que esta ley debería ser válida a la escala cuántica o la escala cósmica. De hecho, **esta ley de dilatación se corrige en la relatividad especial de escala**, y se convierte en:

lnρ + lnρ = 2 ln ρ / (1 + ln ρ²⁾

De manera más general, en la relatividad especial la ley de composición de las velocidades se diferencia de la aproximación de Galileo y se convierte (con la velocidad de la luz c = 1):

u ⊕ v = (u + v) / (1 + u * v)

Del mismo modo, en la relatividad especial escalar, la ley de composición de dilataciones difiere de nuestras intuiciones de Galileo y se convierte (en un logaritmo de base de K que incluye una posible constante C = ln K, que desempeña el mismo papel que c):

logρ1 ⊕ logρ2 = (+ logρ1 logρ2) / (1 + logρ1 * logρ2)

La escala de Planck en la relatividad especial escalar desempeña un papel similar al de la velocidad de la luz en la relatividad especial. Es un horizonte para escalas pequeñas, inalcanzables, intransitables, invariantes a los cambios de escala, es decir, dilataciones y contracciones. La consecuencia de la relatividad especial escalar es que la aplicación de dos veces la misma contracción a un objeto, el resultado es una contracción menos fuerte que la contracción ρ x ρ. Formalmente, si ρ es una contracción,

$$\rho * l_P = l_P.$$

Como se señaló anteriormente, también hay una escala inalcanzable, intransitable, máxima, invariante ante cambios de escala, que es la longitud cósmica L. **En particular, es también invariante frente a la expansión del universo.**

La Relatividad General Escalar

En la <u>Relatividad de Galileo Escalar</u>, el **espacio-tiempo sería fractal con dimensiones constantes fractales.**

En la <u>Relatividad Especial Escalar</u>, las **dimensiones fractales pueden variar.**

Esta **dimensión fractal variable significa que las leyes satisfacen una versión logarítmica de la transformación de Lorentz.** La <u>dimensión fractal</u> es variable covariante, de una manera similar a que el <u>Tiempo</u> es covariante en la relatividad especial.

En la **<u>Relatividad General Escalar</u>, la dimensión fractal no está limitada, y puede tomar cualquier valor.** En otras palabras, sería el caso en la que el *espacio escalar estaría curvado.* El <u>espacio-tiempo curvo de Einstein se convierte en un caso particular del espacio-tiempo más general fractal.</u>

La **Relatividad General Escalar es mucho más complicada, técnica y menos desarrollada que la de Galileo y la Especial.** Se trata de leyes no lineales, dinámicas de escala y los campos "gauge". En el caso de no auto-similitud, el cambio de escalas genera una nueva escala de fuerza o campo de escala que necesita ser tenido en cuenta en un enfoque de dinámica de escala. La mecánica cuántica, debe ser analizada en un espacio escalar.

Por último, en la Relatividad General de Escala, tenemos que tener en cuenta tanto los movimientos como las transformaciones de escala, donde las variables de escala dependen de las coordenadas espacio-tiempo. Más detalles acerca de las implicaciones para campos de "gauge" abelianos y campos "gauge" no abelianos se pueden encontrar en la literatura.

El libro de Nottale 2011 proporciona el "estado del arte" actual de la técnica.

En resumen, se puede ver algunas similitudes estructurales entre la relatividad del movimiento y de la relatividad de las escalas:

Relatividad	Variables que definen el sistema de coordinadas	Variables que caracterizan el estado de coordenadas del sistema
Movimiento	Espacio	Velocidad
	Tiempo	Aceleración
Escala	Longitud del fractal	Resolución
	Dimensión fractal variable	Aceleración fractal

Fig.48: Relatividad de movimiento y relatividad escalar.

En ambos casos, hay dos tipos de variables vinculadas a los sistemas de coordenadas: las variables que definen el sistema de coordenadas, y las variables que caracterizan el estado del sistema de coordenadas. En esta analogía, la resolución puede asimilarse a una velocidad; la aceleración a una aceleración de la escala; el espacio con la longitud de un fractal; y el tiempo, a la dimensión variable de fractal. Tabla de WIKIPEDIA.

RELATIVIDAD ESCALAR VS MECÁNICA CUÁNTICA

La **fractalidad del espacio-tiempo** implica una infinidad de geodésicas virtuales. Esta observación significa que se **necesita una mecánica de fluidos**. La idea de considerar un fluido de geodésicas en un espacio-tiempo fractal es una propuesta original de Nottale.

En la relatividad de escala, aparecen efectos mecánicos cuánticos como efectos de las estructuras fractales en el movimiento. **El indeterminismo y no localidad de la mecánica cuántica fundamental se deducen de la propia geometría fractal.**

Hay una analogía entre la interpretación de la gravitación en la relatividad general, y de los efectos cuánticos en la relatividad de escala. En efecto, si la gravedad es una manifestación de la curvatura del espacio-tiempo en la relatividad general, los **efectos cuánticos son manifestaciones de un espacio-tiempo fractal en la relatividad de escala.**

En resumen, **hay dos aspectos que permiten que la relatividad de escala nos ayude a comprender mejor la mecánica cuántica**. Por un lado, las mismas *fluctuaciones fractales* pueden ser una explicación (hipótesis) que provoquen los efectos cuánticos. Por otro lado, la *no-diferenciabilidad* nos lleva a una irreversibilidad local de la dinámica y por lo tanto a la utilización de los números complejos.

Por lo tanto la **mecánica cuántica no sólo recibe una nueva interpretación, sino también una base firme en los principios de la relatividad escalar.**

RELATIVIDAD ESCALAR Y OTRAS "TOE"

Se puede ayudar a comprender la Relatividad de Escala comparándola con otros enfoques para unificar la Teoría Cuántica y las Teorías Clásicas y Relativistas.

Teoria de las cuerdas

Aunque la teoría de cuerdas y la relatividad de escala parten de diferentes supuestos para hacer frente a la cuestión de la conciliación de la Mecánica Cuántica y la teoría de la Relatividad, los dos enfoques no necesitan estar en contra. De hecho, **Castro sugiere combinar la Teoría de Cuerdas con el principio de Relatividad de Escala:**

*"Nottale ya destacó en su libro que aún **no se ha construido un modelo total junto a la Relatividad de Escala**, que incluya todos los componentes del espacio-tiempo, ángulos y rotaciones. Concretamente, lo que sería la **Teoría General de la Relatividad de Escala**. Nuestro objetivo es mostrar que **la Teoría de Cuerdas proporciona un paso importante en esa dirección**, y viceversa: el principio de Relatividad de Escala debería estar operando en la Teoría de Cuerdas ".*

La gravedad cuántica

La Relatividad de Escala se basa en un enfoque geométrico, y por lo tanto recupera las leyes cuánticas, en lugar de asumirlas. **Esto lo distingue de otros enfoques de la Gravedad Cuántica**. Nottale comenta:

*"La principal diferencia es que los estudios de **Gravedad Cuántica** asumen que las leyes cuánticas se pueden establecer como leyes fundamentales. En ese marco, la geometría fractal del espacio-tiempo en la escala de Planck es una consecuencia de la naturaleza cuántica de*

las leyes físicas, de modo que **la fractalidad y la naturaleza cuántica coexisten como dos cosas diferentes**. En la teoría de la **Relatividad de Escala**, no hay dos cosas (en analogía con la teoría de la Relatividad General de Einstein en el que la gravedad es una manifestación de la curvatura del espacio-tiempo): **las leyes cuánticas son consideradas como manifestaciones de la fractalidad y no-diferenciabilidad del espacio-tiempo**, de manera que no tienen que ser añadidas a la descripción geométrica ".

Gravedad cuántica de bucles

Tienen en común que ambas **parten la teoría y los principios de la relatividad**, y para cumplir **la condición de independencia de fondo**.

E-Infinity teoría de El Naschie

El Naschie ha desarrollado una teoría similar a la Relatividad Escalar, aunque diferente a la del espacio-tiempo fractal, porque abandona la diferenciabilidad y la continuidad. por lo tanto el **Naschie utiliza un espacio-tiempo "cantoriano" (discreto)**, y utiliza sobre todo la teoría de números. Esto contrasta con la **Relatividad de Escala, que mantiene la hipótesis de la continuidad, y por lo tanto funciona preferentemente con análisis y fractales matemáticos**.

Triangulación Dinámica Causal (CDT)

A través de simulaciones por ordenador de la teoría de Triangulación Dinámica Causal, se detecta **una transición de fractal a no-fractal desde las escalas cuánticas a las escalas más grandes**. Este resultado parece ser compatible con la transición cuántica-clásica deducida de otro modo, desde el marco teórico de la relatividad de escala .

Geometría no-conmutativa

Para ambos, la Relatividad Escalar y Geometría no conmutativa, **las partículas son propiedades geométricas del espacio-tiempo**. La intersección de las dos teorías parece fructífera y aún no se ha explorado. En particular, Nottale generalizando aún más esta no-conmutatividad, dice que "ya está al nivel del mismo espacio-tiempo fractal, que, por lo tanto, está bajo la geometría no conmutativa de Connes. Además, **esta no conmutatividad podría considerarse como una clave para un futu-**

ro mejor comprensión de la paridad y las violaciones CP, así como la propia dualidad ondas-patículas ".

La **violación CP** es una violación de la **simetría CP**, que representa un papel importante en cosmología. Esta violación puede explicar, por ejemplo, por qué existe más materia que antimateria en nuestro Universo. La **violación CP** fue descubierta en 1964 por James Cronin y Val Fitch, quienes recibieron el Premio Nobel por este descubrimiento en 1980.

La **dualidad onda-partícula**, postula que todas las partículas pueden describirse alternativamente aludiendo a su naturaleza ondulatoria. Más específicamente, como partículas pueden presentar interacciones muy localizadas y como ondas exhiben el fenómeno de la interferencia.

La Relatividad Doblemente Especial (DSR)

Ambas teorías (SR y DSR) **han identificado la longitud de Planck como una escala mínima fundamental.** Sin embargo, según los comentarios Nottale:

"La principal diferencia entre el enfoque DSR, y la relatividad de escala (SR) es que en SR se **ha identificado la cuestión de definir una longitud de escala "invariante", como una consecuencia de la relatividad escalar.**"

LA RELATIVIDAD ESCALAR vs ARCOÍRIS FRACTAL

Está muy claro que la propuesta de la **"Relatividad Escalar"** y su **"Espacio-Tiempo Fractal"** (Nottale) comparte muchos conceptos con la propuesta que se ofrece en este libro **El Arcoíris Fractal** (que también podríamos llamar **"La Propuesta Escalar-Fractal-Emergente"**, dado que trata de conjuntar estas propuestas), pero no los comparten todos, y en varios aspectos tienen algunas diferencias conceptuales.

Ambas teorías comparten:

- El considerar la **Escala (Espacial) como una variable** a considerar en la determinación de las leyes físicas de la naturaleza.
- La posibilidad de considerar la **Teoría de Fractales** como una opción a tener en cuenta para el establecimiento de las leyes físicas de la naturaleza (Cosmología, Mecanica Cuántica,…).

Durante el desarrollo de mi segundo artículo (PARTE 2 del presente libro), en el que estaba evaluando las diferentes teorías cosmológicas actuales (Cuerdas-Branas, Gravedad Cuántica, Emergencia, ...) y su "estado del arte": lo que decían sobre los límites de Nuestro Universo y sobre lo que podría haber más allá, descubrí de forma casual algunas referencias a las propuestas y Teoría de Nottale. Esto fue una grata sorpresa que respaldaba mis propias ideas (en el primer artículo ya utilicé el concepto y nombre de La Relatividad Escalar del Universo en el título).

*Aunque ambas propuestas conceptuales sean muy parecidas y asuman los mismos conceptos básicos, evidentemente **no es comparable el grado de desarrollo matemático y físico que ya llevaba realizado Nottale** (y su equipo) durante estos últimos 30 años (recopilados en sus dos libros de 1993 y 2011, ver bibliografía). Lo sorprendente es lo poco conocida que es actualmente esta teoría y lo marginada que aún está de los ámbitos académicos. Pero **el día en que se tome seriamente por la "comunidad científica" (se pueda demostrar y verificar), estoy convencido que supondrá <u>el gran salto que precisa la física actual</u> desde Einstein.***

Por otra parte ambas propuestas **ofrecen las siguientes diferencias:**

La Relatividad de Escala establece la hipótesis de que la longitud y la escala de tiempo de Planck son valores límite, a partir de los cuales no pueden haber valores más bajos (que no se pueden dividir en valores más pequeños). **El Tiempo y Escala de Planck son considerados como valores invariantes** (como ya hemos visto).

Mientras que la propuesta del **Arcoíris FRACTAL** *no tiene límites escalares, y considera la* **Escala de Planck como sólo un posible Horizonte (Brana), y que no es invariante.** *El Arcoíris Fractal acepta que* **pueda existir un límite (Horizonte de Sucesos) en las escalas KK (en formas de 6D Calabi-Yau),** *que formarían el tejido básico del espacio-tiempo de Nuestro Universo. Pero propone que dentro suyo podrían haber otros universos (conceptos y leyes). Se desconoce que tamaño podrían tener estas formas de 6D Calabi-Yau, pero si tuvieran la dimensión de Planck,* **podrían ser estas dimensiones mínimas (invariantes) supuestas por la Teoria de Nottale.**

Por eso podríamos decir que la Teoría de la **Relatividad de Escala** (aun considerando el Factor Escala y el Espacio-Tiempo Fractal), tal como está planteada actualmente,**"sólo" alcanzaría a modelizar Nuestro Universo**, desde la Escala de Planck hasta los límites exteriores de Nuestro Universo, que se ampliarían (de 10 e+27 m a 10 e +244 m).

La **RELATIVIDAD ESCALAR**, determina **dos límites escalares del Universo:**

Escala Min. $l_P = 10 e - 35 m$ **(Longitud de Planck)**

Max. escala $L = 10 e + 244 m$ **(Longitud del Universo)**

En cambio, la propuesta de **Arcoíris FRACTAL no tiene límites,** aunque puedan haber Horizontes (fronteras) entre diferentes escalas (Branas), y presupone un universo infinito, o. dicho de otra forma, un **Universo envolvente muy grande y sin fin**.

La **RELATIVIDAD ESCALAR también propone una posible unificación de las leyes físicas en un TOE** y, a demás, se propone a sí misma como una teoría que contiene las teorías precedentes SR-GR y QM.

Mientras que el **Arcoíris FRACTAL rechaza, en principio, la opción de un solo TOE para el Universo Global** (debido al principio de Gödel y a unas escalas infinitas), y **propone una sucesión de diferentes leyes EMERGENTES para cada Paisaje Escalar** (Cósmico, Relativista, Newtoniana, Cuántico, Planckiano,...), aunque, de alguna forma, **relacionadas entre ellas por leyes subyacentes. Las diferentes TOEs solo abarcarían un espectro escalar más amplio.** Y podría estar allí donde, posiblemente, la **Teoría Fractal podría ser usada como una teoría subyacente que ayudara a establecer las bases de estas teorías emergentes**, en función de las diferentes escalas espaciales.

La **RELATIVIDAD ESCALAR** ha propuesto interesantes soluciones alternativas a conceptos que eran difíciles de entender, mayormente para las **escalas más pequeñas** (Dualidad Onda-Partícula, principios de Heisenberg, Schrödinger y De Broglie, Indeterminismo y no localidad, Fluctuaciones Cuánticas, Cuantificación,...), basándose en la suposición del **espacio-tiempo fractal (no diferencial) y sus geodésicas.**

Pero también ha ofrecido soluciones y explicaciones para conceptos de las **escalas más grandes** (Materia Oscura, Variabilidad de G,...), también basándose en la suposición del **espacio-tiempo fractal.**

Como ya hemos indicado anteriormente, mientras Einstein propuso el **Espacio-tiempo Curvo** para explicar la Gravedad, Nottale propone el

Espacio-tiempo Fractal para explicar los fenómenos de la Mecánica Cuántica, y la posible "pérdida" de la Gravedad y "ocultación" de masa en Nuestro Universo.

Con su limitación de escalas "invariantes" (MIN-MAX), **la RELATIVIDAD ESCALAR no deja de ser una Teoría dentro de un Universo acotado (con límites): posiblemente Nuestro Universo** (entre 10 e-35 m a 10 e +244 m).

*Mientras que la propuesta de el **Arcoíris FRACTAL pretende ir más allá de estas fronteras (horizontes de sucesos) de Nuestro Universo,** y **presupone nuevas leyes, fuerzas y conceptos emergentes** desconocidos para nosotros actualmente, fuera de estos límites.*

Posiblemente, **si combináramos la Relatividad Escalar con la Teoría de Cuerdas (Branas),** se podría obtener un alcance más amplio, al considerar diferentes branas (universos) contenidas unas dentro de otras. Posiblemente sería lo que Nottale mismo califica como **La Teoría General de la Relatividad de Escala.**

ANEXO 6: TEORÍAS MECÁNICAS

En el presente anexo se intenta dar un **recordatorio general de los conceptos básicos de las teorías clásica, relativista y cuántica, y de la TOE** (Teoría del Todo) que trata de unificarlas.

En física el término **_teoría_ se utiliza generalmente para un marco matemático** - derivado a partir de un pequeño conjunto de postulados básicos - **que es capaz de producir predicciones experimentales para una categoría dada de sistemas físicos.**

La **_mecánica_** es un área de la ciencia que **se ocupa del comportamiento de los cuerpos físicos cuando se someten a fuerzas y desplazamientos**, y los efectos posteriores de los cuerpos en su entorno.

Esta disciplina científica tiene sus orígenes en la antigua Grecia con los escritos de Aristóteles y Arquímedes. Durante la época moderna, los científicos como Galileo, Kepler y Newton, sentaron las bases de lo que ahora se conoce como la **mecánica clásica**. Y más adelante Einstein desarrolló la **mecánica relativista** y colaboró con otros (Planck, Bohr, Schrödinger, Heisenberg, ...) a desarrollar la **mecánica cuántica**.

En la física, la mecánica clásica y la mecánica cuántica son los dos principales subcampos de la mecánica.

La **_mecánica clásica_** se ocupa del conjunto de **leyes físicas que describen el movimiento de los cuerpos bajo la influencia de un sistema de fuerzas.** El estudio del movimiento de los cuerpos es uno de los temas más antiguos y más importantes de la ciencia, la ingeniería y la tecnología. También es ampliamente conocido como la mecánica de Newton.

La **mecánica clásica describe el movimiento de los objetos macroscópicos**, desde proyectiles a piezas de maquinaria, así como de los objetos astronómicos, tales como naves espaciales, planetas, estrellas y galaxias. Además de esto, muchas especialidades dentro de la mecánica tratan con sólidos, líquidos y gases, y otros subtemas específicos.

La **mecánica clásica proporciona resultados muy precisos**, siempre y cuando el dominio de estudio se limite a los **objetos grandes y las velocidades** involucradas **no se acercan a la velocidad de la luz.**

Cuando las **velocidades involucradas se acercan a la velocidad de la luz, o laa masas involucradas son muy altas** (agujeros negros), se hace necesario la **_Mecánica Relativista_** (teorías de la Relatividad Especial y General).
Cuando los **objetos que están siendo tratados son lo suficientemente pequeños**, se hace necesario introducir el otro gran sub-campo de la mecánica, la **_Mecánica_**

**Cuántica**, que **trata las leyes microscópicas de la física y la naturaleza atómica de la materia**, y se ocupa de la dualidad onda-partícula de los átomos y moléculas.

Cuando la mecánica cuántica y la mecánica clásica, no se puedan aplicar, por ejemplo, **a nivel cuántico con altas velocidades, tenemos la teoría cuántica de campos (QFT).**

Fig.49: Teorías Mecánicas

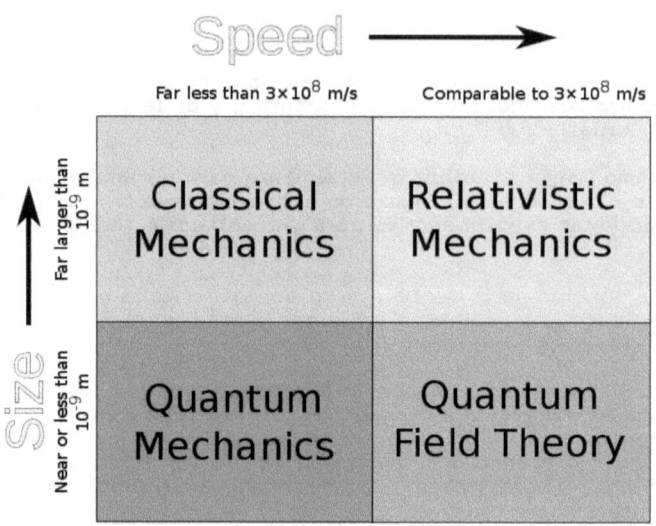

Una **teoría del todo (_TOE= "Theory of Everything"_)** es un hipotético **marco teórico único y coherente de la física que trata de explicar y enlazar totalmente todos los aspectos físicos del universo.** Encontrar un TOE es uno de los principales problemas sin resolver en la física.

En los últimos siglos, han sido desarrollados dos marcos teóricos que son los más se parecen a un TOE. Estas dos teorías sobre la cual descansa toda la física moderna son la **Relatividad General (GR) y la Teoría Cuántica de Campos (QFT)**. **GR es un marco teórico que sólo se centra en la fuerza de gravedad para la comprensión del universo en las regiones tanto de gran escala como de alta masa**: estrellas, galaxias, cúmulos de galaxias, etc. Por otro lado, **QFT es un marco teórico que sólo se centra en las tres fuerzas no gravitatorias** para comprender el universo en regiones tanto de **pequeña escala como de baja masa**: las partículas subatómicas, átomos, moléculas, etc. El QFT establece un modelo estándar y unificado de las interacciones (la llamada **Gran Teoría Unificada , GUT= "Grand Unified Theory"),** entre las tres fuerzas no gravitatorias: débil, fuerte, y la fuerza electromagnética

Actualmente se están evaluando algunas **TOEs que pretenden unificar estas 4 teorías: Clásica, Relativista, Cuántica y QFT.** La que ha tenido mayor repercusión y más conocida es la **Teoría de Cuerdas-Branas (Teoría M)** que ya hemos tratado en el anexo 4.

MECANICA CLASICA

En términos generales, **podemos dividir la mecánica clásica (CM) en dos áreas principales : cinemática y dinámica.**

Los estados *cinemáticos* establecen todas las leyes relacionadas con el **espacio (e) y el tiempo (t):** la velocidad ($v = e / t$) y aceleración ($a = v / t$).

Mientras que la *dinámica* también **incluye los conceptos de masa (m), fuerza (F) y la energía (E):** $F = m\,a$ y $Ek = 1/2\ m\ v2$ (energía cinética).

CM explica perfectamente los **fenómenos del movimiento debido a la aplicación de fuerzas o energías en un elemento con masa,** pero en escalas de dimensiones humanas (10 e-10 m a 10 e+10 m), y donde no están involucradas masas y velocidades muy elevadas , en cuyo caso se requiere **Mecánica Relativista.**

MECÁNICA RELATIVISTA

La **Teoría de la Relatividad**, por lo general abarca dos teorías de Albert Einstein: **Relatividad Especial (SR) y la Relatividad General (RG).**

Conceptos introducidos por la teoría de la relatividad: espacio-tiempo como una entidad unificada del espacio y el tiempo, la relatividad de la simultaneidad, la dilatación del tiempo y la contracción de la longitud (cinética y gravitacional).

Al igual que con la mecánica clásica, se puede dividir en **"Cinemática" (Relatividad Especial, SR);** la descripción del movimiento mediante la especificación de las posiciones, velocidades y aceleraciones, y **"Dinámica" (Relatividad General, GR);** una descripción completa de las energías, teniendo en cuenta cantidades de movimiento, y momentos angulares y sus leyes de conservación, y las fuerzas que actúan sobre las partículas, o ejercidas por las partículas.

Sin embargo, existe una sutileza; entre **lo que parece estar "en movimiento" y lo que está "en reposo"** (lo que se denomina por "estática" en la mecánica clásica), **depende del movimiento relativo de los observadores (**y sus marcos de referencia).

La **Relatividad Especial (SR)** es la teoría física generalmente aceptada, y bien experimentalmente confirmada, sobre la relación entre el espacio y el tiempo. En el tratamiento pedagógico original de Einstein, se basa en dos postulados: (1) **que las leyes de la física son invariantes** (es decir idénticas) en todos

los sistemas inerciales (marcos de referencia que no aceleran); y (2) **que la velocidad de la luz en el vacío es la misma para todos los observadores**, independientemente del movimiento de la fuente de luz.

La **Relatividad General (GR)**, es la descripción actual de la gravitación en la física moderna. La Relatividad General **generaliza la Relatividad Especial y la Ley de la Gravitación Universal de Newton**, y proporciona una descripción unificada de la gravedad como una propiedad geométrica del espacio y el tiempo, o el espacio-tiempo. En particular, **la curvatura del espacio-tiempo está directamente relacionada con la energía y el momento de cualquier materia y la radiación**.

MECÁNICA CUÁNTICA

El **Electromagnetismo clásico o la Electro-dinámica clásica** es una rama de la física teórica que **estudia las interacciones entre cargas y corrientes eléctricas** que utilizan una extensión del modelo newtoniano clásico. La teoría proporciona una descripción excelente de los fenómenos electromagnéticos siempre que las escalas de longitud relevantes e intensidades de campo sean lo suficientemente grandes para que los efectos de la mecánica cuántica sean insignificantes. **Para distancias pequeñas y bajas intensidades de campo, tales interacciones se describen mejor por la Electro-dinámica Cuántica.**

La Mecánica Cuántica (QM), incluyendo la teoría cuántica de campos, **es una rama de la física fundamental relativa a los procesos que implican, por ejemplo, átomos y fotones**. En estos procesos aparece la cuantificación, las acciones se observan como múltiplos enteros de la constante de Planck, una cantidad física que es extremadamente pequeña. Esto es completamente inexplicable en la física clásica.

LA TEORÍA CUÁNTICA DE CAMPOS

Teoría Cuántica de Campos (QFT) es un marco teórico para la construcción de modelos de la Mecánica Cuántica de las partículas sub-atómicas en la física de partículas y cuasi-partículas en la física de la materia condensada. Un QFT **trata las partículas como estados excitados de un campo físico subyacente, por lo que estos son llamados campos cuánticos.**

En la Teoría Cuántica de Campos, las interacciones entre las partículas de la mecánica cuántica son descritos por los términos de interacción entre los campos subyacentes correspondientes.

La **Electrodinámica Cuántica (QED)** tiene un campo de electrones y un campo de fotones; **La Cromodinámica Cuántica (QCD)** tiene un campo para cada tipo de quark; y, en la materia condensada, hay un campo de desplazamiento atómico que da lugar a <u>partículas de fonones</u>. Edward Witten describe la **QFT como "de lejos" la más difícil de las teorías en la física moderna.**

Electrodinámica Cuántica (QED) es la teoría cuántica de campos relativista de la electrodinámica. En esencia, describe cómo la luz y la materia interactúan y **es la primera teoría completa, donde se logra un acuerdo entre la mecánica cuántica y la relatividad especial.** QED describe matemáticamente todos los fenómenos que implican partículas cargadas eléctricamente que interactúan por medio del intercambio de fotones, y representa la contrapartida cuántica del electromagnetismo clásico dando una relación completa de la materia y la interacción de la luz.

QED (conjuntamente con el principio de Pauli) explica cómo funcionan las estructuras moleculares y atómicas. Las interacciones entre los electrones y los protones debido a las cargas electromagnéticas.

*El **principio de exclusión de Pauli** es el principio mecánico cuántico que establece que dos fermiones idénticos (electrón) no pueden ocupar el mismo estado cuántico de forma simultánea. En el caso de los electrones, se puede afirmar lo siguiente: **es imposible que dos electrones de un átomo residan en la misma órbita.***

Cromodinámica cuántica (QCD) es la teoría de las interacciones fuertes, una fuerza fundamental que **describe las interacciones entre quarks y gluones** que forman los hadrones como el protón, neutrón y pión. El análogo de QCD de la carga eléctrica es una propiedad llamada <u>*color*</u>. Los gluones son la partícula portadora de la teoría, como los fotones lo son para la fuerza electromagnética en la electrodinámica cuántica. La teoría es una parte importante del modelo estándar de la física de partículas. Una gran cantidad de evidencias experimentales de la QCD se han obtenido durante los años.

QCD disfruta de dos peculiares propiedades:

- El **confinamiento**, lo que significa que la fuerza entre los quarks no disminuye a medida que se separan. **La Fuerza Fuerte es más fuerte a medida que los quarks se separan entre ellos.**
- La **libertad asintótica**, lo que significa que a muy altas energías, los quarks y los gluones interaccionan muy débilmente creando un plasma de quarkgluón.

QCD explica cómo los **quarks hacen hadrones (protones y neutrones), y como los bosones establecen las fuerzas de interacción entre los diferentes fermiones (G, EM, S & W).**

EL MODELO ESTANDARD

El **Modelo Estándar** es el marco teórico que **describe todas las partículas elementales conocidas en la actualidad.**

Este modelo contiene:

- Seis sabores de **quarks** (q), nombrados arriba (u), hacia abajo (d), extraño (s), encanto (c), inferior (b), y superior (t).

- Seis tipos de **leptones,** conocidos como *sabores*, formando tres generaciones. La primera generación son los *leptones electrónicos*, que comprende el *electrón (e-) y el neutrino electrónico* (ν_e); La segunda son los *leptones muónicos*, que comprenden el *muón (μ-) y el muón neutrino (νμ)*; y la tercera son los *leptones tauonic*, que comprende la *tau (τ-)* y el *neutrino tau (ντ)*.

- Y cinco tipos de **bosones** son *(g) gluón, (V) fotones, (Z-W) debil y (H) Higgs.*

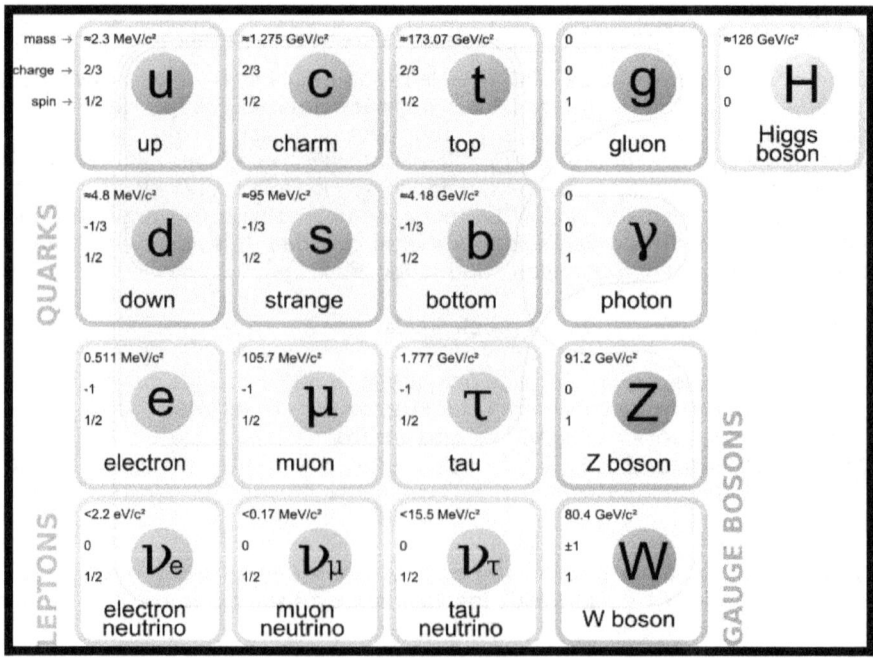

Fig.50: Partículas del Modelo Estándar

TEORIAS DEL TODO (TOE)

A través de años de investigación, los físicos han confirmado experimentalmente con gran precisión prácticamente todas las predicciones realizadas por estas dos teorías (GR y QFT) cuando están en sus dominios apropiados de aplicabilidad. De acuerdo con sus conclusiones, los científicos también descubrieron que las **GR y QFT, tal como están formuladas actualmente, son incompatibles entre sí** - no pueden ser ambas correctas. Dado que los dominios habituales de la aplicabilidad de GR y QFT son tan diferentes, la mayoría de las situaciones requieren que sólo una de las dos teorías se pueda utilizar. Como resultado, **esta incompatibilidad entre GR y QFT es sólo un problema evidente en regiones de muy pequeñas escalas y de grandes masas**, tales como las que existen dentro de un agujero negro o durante las etapas iniciales del universo (es decir, el momento inmediatamente después del Big bang). Para resolver este conflicto, se requiere **un marco teórico que revele una realidad más profunda subyacente**, que unifique la gravedad con las otras tres interacciones, **y que integre armónicamente los reinos de GR y QFT en un todo integrado.** Una única teoría que, en principio, sea capaz de describir todos los fenómenos. En la consecución de este objetivo, la <u>**gravedad cuántica**</u> se ha convertido recientemente en un área de investigación activa.

Durante las últimas décadas, un único marco explicativo, llamado <u>**"Teoría de Cuerdas"**</u>, ha surgido que pueda llegar a ser la teoría del universo. Muchos físicos creen que, **al comienzo del universo** (hasta 10 e-43 segundos después del Big Bang), **las cuatro fuerzas fundamentales fueron una única fuerza fundamental**. A diferencia de la mayoría (si no todas) de las otras teorías, la teoría de cuerdas parece estar en el camino hacia la incorporación con éxito de cada una de las cuatro fuerzas fundamentales en un todo unificado. De acuerdo con la teoría de cuerdas, **cada partícula en el universo**, en su nivel más microscópico (longitud de Planck), **consta de diversas combinaciones de cuerdas vibrantes** (o filamentos) con patrones preferidos de vibración. La teoría de cuerdas afirma que es a través de estos patrones oscilatorios específicos como se crea una partícula de carga, masa y fuerza única (es decir, el electrón es un tipo de cuerda que vibra en una dirección, mientras que el quark-up es un tipo de cuerda que vibra de otra manera, y así sucesivamente).

CUADRO RESUMEN

PRINCIPIOS CM (MECÁNICA CLASICA)

La **Teoría de la Gravitación de Newton (CM) funciona perfectamente con energías y velocidades que encontramos en la vida cotidiana** (en nuestra escala de referencia).

Pero la Teoría de **Newton falla** en los extremos: **Para velocidades muy altas** (cerca a la velocidad de la luz) **y a muy alta energía y masa.** Allí, la **Teoría de la Relatividad (de Einstein) desbanca la newtoniana.**

PRINCIPIOS GR-SR (MECÁNICA RELATIVISTA):

Los postulados básicos de la **Relatividad Especial (SR)** de Einstein postula (*"sistema inercial"* se refiere a velocidad constante):

- Las nociones de espacio y tiempo pueden ser tratadas como **una sola estructura del espacio-tiempo.**
- Las **leyes de la física son las mismas en todos los** *"sistemas inerciales".*
- La **velocidad de la luz es la misma en cualquier** *"sistema inercial".*

Los postulados básicos de la **Relatividad General (GR)** de Einstein postula:

- El **Principio de Equivalencia (GR):** Los efectos de la aceleración son indistinguibles de los de la gravedad.
- La **gravedad es debida a la deformación del espacio-tiempo.**

PRINCIPIOS QM (MECÁNICA CUÁNTICA)

Los extraños **nuevos conceptos que se encuentran en la QM** son: la cuantificación, la función de onda, la dualidad onda-partícula y el principio de incertidumbre.

- **Cuantificación:** Los procesos se producen sólo en múltiplos enteros de la constante de Planck. Esto es completamente inexplicable en la física clásica.
- **Función de onda:.** Toda partícula tiene una función de onda asociada que determina la probabilidad de su posición.
- **Dualidad onda-partícula:** Cada partícula elemental o entidad cuántica presenta tanto, las propiedades de las partículas como, también, la de las ondas.
- **Principio de Incertidumbre:** es un límite fundamental de la precisión con la que ciertos pares de propiedades físicas de una partícula, conocidas como variables complementarias (como la posición y la velocidad), pueden ser conocidas de forma simultánea.

EPÍLOGO

Este libro, además de presentar un **"nuevo" enfoque (marco) del Universo** (incluyendo el concepto de escala y los diferentes paisajes escalares que puedan existir), ha tratado de **incluir algunos estudios, reflexiones y opiniones que se están evaluando actualmente en el campo científico, y que podrían relacionarse con su idea o propuesta principal** (Teorías de Emergencia, Fractal, Relatividad de Escala, Holograma, Cuerdas-Branas,...), y también **cómo esta propuesta podría afectar a algunos conceptos familiares** (energía, materia, tiempo, vacío,...) **y a otros conceptos no tan habituales** (Materia y Energía Oscura, Fluctuaciones Cuánticas, Principio de Incertidumbre, Dualidad onda-partícula ,...).

Mostrando todos estos conceptos juntos en un mismo "marco" (Los Paisajes Escalares), confiamos que **pueda ayudarnos para vincular ideas y propuestas** que actualmente están siendo tratadas de forma aislada, y que se pueda proporcionar un **vínculo esencial entre ellos**, ofreciendo la posibilidad de que diferentes científicos (físicos, matemáticos, cosmólogos,...) **puedan aportar nuevas ideas y propuestas que nos ayuden a todos a entender mejor todo el universo y sus leyes.**

Es de destacar los grandes avances científicos (físicos) que se han realizado a lo largo de la historia de la humanidad, y, sobre todo, durante los últimos 100-500 años (Pitágoras, Aristóteles, Newton, Maxwell, Einstein, Susskind, Nottale,...).

Pero también es cierto que (teniendo en cuenta que la actual "corriente principal" acepta que la energía y materia conocida no son más del 5% de toda la energía y materia prevista (teórica) de Nuestro Universo conocido) **todavía estamos muy lejos de comprender todo el universo en toda su amplitud y complejidad.**

Conceptos tan comunes como energía (materia), tiempo y espacio, están siendo cuestionados y redefinidos. Todavía hay muchas lagunas / inconsistencias importantes en nuestro conocimiento del universo. Y ello hace que su estudio sea tan interesante e intrigante.

Como hemos visto, actualmente **sólo conocemos y entendemos el 5% de la materia/energía del (Nuestro) Universo,** mientras que el resto es lo que se conoce por Energía y Materia Oscuras. Pero si consideramos la propuesta escalar del presente libro (ARCOÍRIS FRACTAL), sería más adecuado decir que conocemos muy bien los conceptos y leyes que rigen en Nuestra Escala de referencia (de 10 e-10 a 10 e+10 m, el Paisaje Newtoniano), mientras que **se nos hacen más difíciles de comprender y parametrizar los conceptos y leyes de los otros Paisajes Escalares a medida que se alejan del nuestro.**

Hasta la fecha, hemos sido capaces de entender y modelar los paisajes más cercanos a nuestra escala espectral (de 10 e-20 a 10 e+20 m, Paisajes Cuántico y Relativista). Pero, a partir de ahora, cada vez es más complejo de entender los espectros que están más allá. Para ello, **tendremos que romper con las ideas y conceptos preestablecidos, y ser capaces de aceptar nuevos esquemas.**

---

*En este libro siguen quedando las **siguientes cuestiones por resolver en un futuro (cercano?):***

- *¿Cómo debemos incluir el **Factor de Escala** para mejorar las leyes **dinámicas** de Newton y Einstein: F=M.a.f(S) (siendo S=Escala).*
- *¿Cómo nos puede ayudar el **Factor de Escala** a entender el **Paisaje de Planck** y los paisajes escalares más pequeños?*
- *¿Cómo deberíamos usar la **Teoría Fractal** como "herramienta" para **parametrizar el (nD) espacio-tiempo fractal,** y para obtener una TOE más amplia?*

Estas tres cuestiones podrían ser algunos de los principales temas cosmológicos que habría de resolverse en un futuro próximo (próxima década?).

La **Teoría MOND** (y similares como la TeVeS) han dado propuestas sobre la primera de las cuestiones, mientras que la **Teoría de la Relatividad Escalar de Nottale,** tras 30 años de desarrollo, ha dado hasta la fecha grandes avances y explicaciones sobre las dos últimas cuestiones.

En el presente libro se propone un **nuevo enfoque a tener en cuenta para el estudio de estas escalas más alejadas de la Nuestra:**

- Para **escalas de grandes tamaños**, la posibilidad de que **emerjan nuevas fuerzas/interacciones** debidas a la agrupación de estrellas/galaxias que provoquen efectos nuevos. Al igual que la Fuerza de la Gravedad emerge al juntarse gran cantidad de átomos-moléculas.

- Y para las **escalas de tamaños pequeños**, que existan en estas escalas unas **fuerzas/interacciones que desconocemos y que no afectan a Nuestra Escala de referencia.**

La **RELATIVIDAD ESCALAR** ha propuesto interesantes soluciones alternativas a conceptos que eran difíciles de entender, mayormente para las **escalas más pequeñas** (Dualidad Onda-Partícula, Principios de Heisenberg, Schrödinger y De Broglie, Indeterminismo y no localidad, Fluctuaciones Cuánticas, Cuantificación,...), basándose en la suposición del **espacio-tiempo fractal (no diferencial) y sus geodésicas.**

Pero también ha ofrecido soluciones y explicaciones para conceptos de las **escalas más grandes** (Materia Oscura, Variabilidad de G,...), también basándose en la suposición del **espacio-tiempo fractal.**

Mientras que Einstein propuso el **Espacio-tiempo Curvo** para explicar la Gravedad, Nottale propone el **Espacio-tiempo Fractal** para explicar los fenómenos de la Mecánica Cuántica, y la posible "pérdida" de la Gravedad, y "ocultación" de masa en Nuestro Universo.

La Propuesta de la Relatividad Escalar, Fractal y Emergente del presente libro, si algún día es definitivamente aceptada (demostrada y verificada) por la "comunidad científica", **podría revolucionar totalmente la física cosmológica,** suponiendo un salto tan importante como lo fue la Teoría de la Relatividad (Especial y General) hace un siglo. Y aquellos científicos que consigan establecer una Teoría General consistente en este sentido (**Nottale ?**) **podrían ser considerados como los merecidos sustitutos de Einstein, Newton y Aristóteles.**

Posiblemente, **si combináramos la Relatividad Escalar de Nottale con la Teoría de Cuerdas (Branas),** se podría obtener un alcance más amplio, y podría ser lo que Nottale mismo califica como **La Teoría General de la Relatividad de Escala**.

De la misma forma que, hasta la fecha, los descubrimientos importantes se han debido a grandes mentes (trabajando independientemente en laboratorios u oficinas), a partir de ahora, **será necesario el trabajo en equipo** para hacer frente a los retos que aún tenemos por delante. Y esto implica una nueva forma de hacer ciencia, **mediante la aplicación de las metodologías multi-disciplinares de trabajo en equipo ("efecto de sinergia").**

Confío en que este libro pueda ayudar a generar ideas y campos nuevos de estudio para la próxima generación de científicos ("post-Cuerdas" y "post-Gravedad-Cuántica"): La **nueva generación "Escalar-Fractal-Emergente" de físicos y cosmólogos.**

Dado que el objetivo del presente libro es básicamente el presentar una propuesta conceptual, sin incluir demostraciones teóricas o verificaciones experimentales de la misma, podríamos decir que, a parte de su propio carácter divulgativo sobre el "estado del arte" actual de la cosmología, **su contenido se podría catalogar mejor como Filosofía Cosmológica, que como Física Cosmológica**.

"Estrictamente hablando, no hay ciencia que no se base en suposiciones. La mera idea de que no sea así es impensable, es un pensamiento "ilógico". Siempre debe existir previamente una filosofía, una "creencia", para que la ciencia, a partir de ella, pueda tomar una dirección, un sentido, un límite, un método, un derecho a existir.". **Friedrich Nietzsche,"La genealogía de la moral"**

DEFINICIONES

Universo Global: Todo lo que existe, aunque no lo podemos ver, ni siquiera imaginamos, y por lo tanto es posible que ni nosotros seamos capaces de modelarlo y parametrizarlo correctamente algún día.

Nuestro Universo (Conocido): Nuestro Universo de "bolsillo" (dentro del Universo Global) que se ha generado a partir de nuestro Big-Bang, y que somos capaces de entender y modelar.

Universo Observable: La zona de Nuestro Universo que (debido a la limitación de la velocidad de la luz) somos capaces de detectar y observar.

Universo de Bolsillo: Otros universos (como Nuestro Universo) que podrían existir más allá de Nuestro Universo (en el Universo Global).

Paisaje Escalar: Espectro Escalar del Universo Global que puede tener sus propios conceptos y leyes emergentes.

Horizonte Cósmico: El horizonte de sucesos (frontera) entre Nuestro Universo (Nuestra 4D-Brana), y lo que pueda haber más allá de Nuestro Universo (al "Bulk" o Paisaje Cósmico). *(Aprox. > 10 e 30 m).*

Horizonte Observable: El horizonte de sucesos (frontera) del Universo observable (esa parte de nuestro universo que, debido a la limitación de la velocidad de la luz, somos capaces de detectar y observar). *(Aprox. 10 e + 27 m).*

Horizonte de Planck: El horizonte de sucesos (límite o frontera) donde (1.Si es un límite final) terminan los espectros de Nuestro Universo en las escalas inferiores, o (2.-Si es una frontera) donde se realiza el cambio entre los espectros de Nuestro Universo (Nuestra 4D-Brana) con el Paisaje Sub-Planck (posiblemente dentro de los espacios/formas 6D Calabi-Yau). *(Aprox. <10 e-35 m).*

Horizonte Brana: El horizonte de sucesos (límite o borde) entre dos branas, posiblemente de diferentes dimensiones espaciales (3D-2D, 3D-4D, 3D-6D, ...). También podría ser nombrado como **Horizonte Dimensional**.

BIBLIOGRAFÍA

Brian Greene:
• *"La Realidad Oculta: Universos paralelos y las profundas leyes del cosmos, 2011.*
• *"El Tejido del Cosmos: Espacio, Tiempo y la textura de la Realidad", 2005.*
• *"El Universo Elegante: Supercuerdas, dimensiones ocultas, y la búsqueda de la Teoría última", 1999.*
Leonard Susskind:
• *"El Paisaje Cósmico", 2005*
John D. Barrow:
• *"Las constantes de la naturaleza", 2002*
Lee Smolin:
• *"Las Dudas de la Física del Siglo XXI", 2006*
Stephen Hawking:
• *"El Gran Diseño" con Leonard Mlodinow, 2010.*
• *"Una breve historia del tiempo", de 1988.*
Lisa Randall:
• *"Universos Ocultos: Un viaje a las dimensiones extras del Cosmos".2005*
Robert B. Laughlin:
• *"Un Universo Diferente: Reinventando la Física en la edad de la Emergencia", 2006*
Robert Temple:
• *"El Sol de Cristal", 2000*
Sir Arthur Eddington:
• *"Fundamental Theory", 1953*
Laurent Nottale:
• *"Scale Relativity And Fractal Space-Time: A New Approach to Unifying Relativity and Quantum Mechanics". 2011*
• *"Fractal space-time and microphysics:towards a theory of scale relativity." 1992*
Roger Penrose:
• *"Los Ciclos del Tiempo". 2011*
Martin Bojowald:
• *"Antes del Big-bang". 2010*
Amanda Gefter:
• *"Trespassing on Einstein's Lawn". 2015*
Max Tegmark:
• *"Our Mathematic Universe". 2014*

ARTICULOS

David Piñana:
- *"The ¨Matryoshka-versos¨: La Relatividad Escalar del Universo"* (David Piñana, October 2012). *http://matryoshka-dimension.blogspot.com.es*.
- *"Los Paisajes Escalares del Universo"* (David Piñana, October 2015).

John Maldacena: "The Illusion of Gravity" (Scientific American, January-2006): http://www.scientificamerican.com/article/the-illusion-of-gravity/

Frank Wilczek: "What´space" (2009). http://web.mit.edu/physics/news/physicsatmit/physicsatmit_09_whatisspace_wilczek.pdf

Stephen Hawking: "Gödel and the end of physics", 2002. http://www.hawking.org.uk/godel-and-the-end-of-physics.html

Nathan Seiberg: "Emergent Spacetime", 2006 (http://arxiv.org/find/hep-th/1/au:+Seiberg_N/0/1/0/all/0/1)

Robert L. Oldershaw, *"A Fractal Universe?"* ,2002,(http://www3.amherst.edu/~rloldershaw/NOF.HTM)

Laurent Nottale:
- *The Theory of Scale Relativity (1991):*
- *Scale relativity and fractal space-time: theory and applications (2009)*

Fu Yuhua, Fu Anjie, Zhao Ge: *"Fifteen Kinds of Waves Caused by Four Fundamental Forces"* (Beijing Relativity Theory Research Federation) (http://gsjournal.net/Science-Journals/Research%20Papers-Relativity%20Theory/Download/4346)

Vincent J. Martinez & Bernard J.T. Jones: *"Why the universe is not a (simple) fractal (but yes a multi-fractal)".* (1990)**:** http://adsabs.harvard.edu/abs/1990MNRAS.242..517M

"Violation of Heisenberg's Measurement-Disturbance Relationship by Weak Measurements" **(Lee A. Rozema, Ardavan Darabi, Dylan H. Mahler, Alex Hayat, Yasaman Soudagar, and Aephraim M. Steinberg** Phys. Rev. Lett. 109, 100404 – Published 6 September 2012; Erratum Phys. Rev. Lett. 109, 189902 (2012). http://journals.aps.org/prl/abstract/10.1103/PhysRevLett.109.189902

FQXi ESSAY CONTEST: 2006 FQXi The Nature of Time (http://fqxi.org/community/essay/winners/2008.1)
- The Nature of Time by **Julian Barbour.**
- Does Time Exist in Quantum Gravity? by **Claus Kiefer.**

AGRADECIMIENTOS

Leonard Susskind (Física Teórica en la Universidad de Stanford), que fue uno de los pocos expertos de primer nivel que respondió a mi primer artículo (Oct.2012) y dio una breve opinión sobre él.

Eduard Salvador (Físico Prof. Cosmología UPC con diversos trabajos y artículos sobre la Materia Oscura), que tras leer la V 1.0 del libro, me manifestó que la propuesta general podría ser correcta, pero que sin estar demostrada y verificada, más bien podía ser considerada como Filosofía de la Ciencia (Filosofía de la Cosmología).

Francesc Fayos (Físico Prof. Master de Cosmología de la UPC) al cual fue el primero al que envié el Segundo Artículo en Agosto del 2015, y me ayudó a presentarlo (sin éxito) a "referees" y a la pagina WEB ARXIV.

Juan Jose Curto (Físico Dtr. "Observatori del Ebre", Roquetes-Tortosa), con el que comente las diferentes versiones de los artículos y el libro final.

Salvador Tarragó (Arquitecto Prof. UPC) que tras la compra del libro me llamó para comentarlo y dar su opinión siempre tan util.

Antonio Coso (Informático), que tras adquirir el libro V 1.0 me envió listado Fe de Erratas para su corrección, así como su opinión sobre el libro (como aficionado a Física). que me sirvieron para mejorar las siguientes versiones.

Antonio Dalmau (Ex-Editor), que me dio su opinión (como editor) del libro y me asesoró para su edición.

Jaume Escrivá (Ing. Ind. UPC), con quien compartí y discutí mi primer artículo de octubre de 2012, y quién me propuso la teoría fractal como una posible solución para modelar una gama más amplia de espectros de escalas espaciales (Paisajes Escalares).

Enric Galera (Dipl. Inglés Lengua y Humanístico Ciencia, UCB), con el que mantuve largas conversaciones filosóficas sobre el contenido de este artículo, y que revisó la traducción al inglés en ambos artículos (Octubre 2012 y 2015).

Foros WEB (y sus miembros) que he usado para discutir esta propuesta y otros temas físicos, habiendo aprendido sobre las teorías actuales y estudios en este campo. Aunque yo estuve constantemente penalizado por no ceñirme a las teorías predominantes ("mainstream" theories):

The Science Forum (http://www.thescienceforum.com). Miembros: Strange, Markus Hanke, Implicate Order, guymillion, ...

CosmoQuest Forum (https://cosmoquest.org). Miembros: Shaula, Strange, Ken G, John Mendenhall, ShinAce, Reality Check, ...

Foro 100cia (http://e-ciencia.com/opinion/foros/).Miembros:Teaius y Javiucm.

WIKIPEDIA

Agradezco la gran ayuda ofrecida por Wikipedia en la obtención de información sobre los temas tratados en el presente libro (y los artículos anteriores), así como, por la reproducción de ciertos textos y figuras (principalmente en los anexos, y sobre definiciones generales y referencias históricas).

Debido a esta contribución, se ha acordado <u>financiar WIKIPEDIA con una parte de las regalías</u> conseguidas a través de la venta del presente libro.

LISTA DE FIGURAS

CONTRAPORTADA

"Un libro que puede revolucionar el futuro de la Física Cosmológica: Aristóteles, Newton, Einstein,..."

El autor presenta una visión del Universo desde un punto de vista totalmente diferente, y de una forma divulgativa, y muy fácil de entender.

Es un viaje desde lo más pequeño (la dimensión de Planck) a lo más grande (la frontera de Nuestro Universo). Presentando también, de una forma clara, qué puede haber más allá de estos límites.

Las nuevas propuestas sobre los Paisajes Escalares y la Relatividad Escalar planteados en el presente libro, podrían ser un gran avance en el actual "estado del arte" de la cosmología, mostrando una nueva perspectiva para una mejor comprensión del Universo.

Este libro cambiará nuestra concepción sobre algunos conceptos habituales (Energía, Materia, Tiempo, Vacío, ...), así como, sobre otros conceptos más desconocidos (Materia y Energía Oscura, Fluctuaciones Cuánticas, Principio de Incertidumbre, Dualidad Onda-Partícula,...), basándose en los últimos estudios y teorías (Emergencia, Fractal, Relatividad Escalar, Holografía, Cuerdas-Branas, Gravedad Cuántica,...).

De lectura obligatoria tanto para expertos en física cosmológica, para conocer una propuesta innovadora, como para el público en general, que solo desee conocer mejor el Universo desde un punto de vista diferente y original.